土木建筑大类专业系列新形态教材

平法施工图识读与钢筋计算

肖 健 刘译文 张 航 张 凡 主编

清华大学出版社
北京

内 容 简 介

本书根据新颁布的《混凝土结构施工图平面整体表示方法制图规则和构造详图》（22G101）图集编写，阐述了钢筋平法的基础知识，包括钢筋的定义、用途以及在建筑工程中的重要性。本书讲解了如何辨认不同规格和类型的钢筋，了解其在结构中的作用。在此基础上，着重讲解了梁、柱、剪力墙、板的制图规则及构造要求，覆盖了如何进行精确的钢筋平法计算。通过实际案例和练习，读者可掌握各种计算公式，以确保工程项目中钢筋的精确计算，从而提高工程质量和减少浪费。

本书图文并茂、通俗易懂、注重实用、重点突出，旨在为建筑与土木工程领域的学生、从事相关专业的人员以及任何对钢筋平法感兴趣的读者提供指导，帮助他们掌握钢筋平法的基本原理和实际应用，从而为建筑工程的成功实施做出贡献。

图书在版编目（CIP）数据

平法施工图识读与钢筋计算/肖健等主编. —北京：清华大学出版社，2024.5
土木建筑大类专业系列新形态教材
ISBN 978-7-302-65299-1

Ⅰ.①平… Ⅱ.①肖… Ⅲ.①钢筋混凝土结构－建筑结构－识图－教材 ②钢筋混凝土结构－结构计算－教材 Ⅳ.①TU375

中国国家版本馆 CIP 数据核字（2024）第 038669 号

责任编辑：杜　晓
封面设计：曹　来
责任校对：李　梅
责任印制：宋　林

出版发行：清华大学出版社
　　　　网　　　址：https://www.tup.com.cn，https://www.wqxuetang.com
　　　　地　　　址：北京清华大学学研大厦 A 座　　　　　　邮　　编：100084
　　　　社 总 机：010-83470000　　　　　　　　　　　　邮　　购：010-62786544
　　　　投稿与读者服务：010-62776969，c-service@tup.tsinghua.edu.cn
　　　　质量反馈：010-62772015，zhiliang@tup.tsinghua.edu.cn
　　　　课件下载：https://www.tup.com.cn，010-83470410
印 装 者：三河市铭诚印务有限公司
经　　销：全国新华书店
开　　本：185mm×260mm　　　　印　张：7　　　　字　数：159 千字
版　　次：2024 年 5 月第 1 版　　　　　　　　印　次：2024 年 5 月第 1 次印刷
定　　价：42.00 元

产品编号：105264-01

前　言

　　在现代建筑领域,钢筋扮演着至关重要的角色,是各种建筑和基础设施项目的支撑骨架。准确识读和计算钢筋是建筑工程有效实施、确保建筑物稳定性和安全性的关键。本书的目标是帮助读者掌握这些关键技能,能够更自信地面对结构工程中的挑战。

　　2022 年 5 月 1 日实行的《混凝土结构施工图平面整体表示方法制图规则和构造详图》(22G101)是建筑设计的标准,是建筑工程行业重要的参考资料。该平法图集对原有内容进行了系统的梳理、修订,增加了强制性工程建设规范依据,增加了弯折段长度标识,对一些有争议的问题给出了明确的答复。

　　本书根据《混凝土结构施工图平面整体表示方法制图规则和构造详图》(22G101)进行编写,内容贴合工程实际,旨在为读者提供有关新平法的详细信息,并帮助读者更好地理解识图和进行钢筋计算。

　　本书共分为 5 个项目:项目 1 钢筋及锚固长度,主要介绍钢筋基本信息和锚固长度的计算;项目 2 柱平法识读与柱内钢筋计算,主要围绕钢筋混凝土柱钢筋的识图与柱纵筋长度的计算进行讲解;项目 3 梁平法识读与梁内钢筋计算,介绍了钢筋混凝土梁钢筋的识读与梁通长钢筋、非通长钢筋、负筋的计算等;项目 4 板平法识读与板内钢筋计算,阐述了钢筋混凝土板钢筋的识图与板底筋、负筋、分布筋的计算等;项目 5 剪力墙平法识读与钢筋计算,主要介绍了剪力墙的识图规范与墙内钢筋的计算。

　　本书由江苏城乡建设职业学院肖健、刘译文、张航和张凡担任主编,江苏城乡建设职业学院仇冬参编。具体编写分工如下:项目 1、项目 2 和项目 5 由肖健和张凡编写,项目 3 由刘译文编写,项目 4 由仇冬编写。全书由肖健统稿。本书结构图由张航绘制,华阳建设工程有限公司肖兆权担任主审。

　　本书在编写过程中参考了大量的文献,在此一并表示感谢。限于编写时间和作者水平,书中难免存在疏漏和不足之处,恳请广大读者批评指正。

编　者

2024 年 1 月

目 录

项目 1 钢筋及锚固长度

重点提示

1. 了解钢筋材料、钢筋的种类和级别、钢筋混凝土的保护层厚度。

2. 了解钢筋的连接,如钢筋连接的方式、钢筋连接接头范围的规定。

3. 掌握锚固长度的计算,如影响钢筋的锚固长度的因素;了解国家建筑标准设计图集《混凝土结构施工图平面整体表示方法制图规则和构造详图》(22G101)中对受拉钢筋的基本锚固长度和锚固长度的规定。

钢筋是建筑和土木工程中常用的重要材料,在混凝土结构中起着关键的增强作用。钢筋的正确应用对于确保结构的安全性和可靠性至关重要。在钢筋的应用过程中,了解钢筋的平法识读与计算是必不可少的技能。钢筋工程量计算的过程可概括为从结构平面图的钢筋标注出发,根据结构的特点和钢筋所在的部位,计算钢筋的长度和根数,最后得到钢筋的重量。钢筋工程量计算的前提是正确理解识读制图规则,掌握平法规则和节点构造。本项目围绕钢筋的锚固长度及其计算的相关规范,结合《混凝土结构施工图平面整体表示方法制图规则和构造详图》(22G101)相关图集进行讲解。

1.1 钢筋种类和钢筋保护层厚度

1.1.1 钢筋的品种和级别

钢筋混凝土结构要求钢筋具有强度高、延性好、焊接性能好等特性。钢筋按化学成分分为碳素钢和普通低合金钢,钢筋的含碳量越高,钢筋的强度越高,但其塑性和焊接性能越差。在碳素钢的基础上,加入一定量的硅、锰、钒、钛等合金元素,可以提高钢筋的强度,改善钢筋的塑性。

热轧钢筋由低碳钢、普通低合金钢或细晶粒钢在高温状态下轧制而成,根据钢筋屈服强度特征值分为 300、400、500、600 级。热轧钢筋分为热轧光圆钢筋和热轧带肋钢筋,如图 1-1 所示。

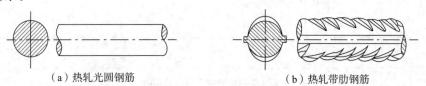

(a)热轧光圆钢筋　　　　　　　　　(b)热轧带肋钢筋

图 1-1　热轧钢筋

为了区别钢筋的品种和级别,通常用"类别+牌号"来表示。热轧光圆钢筋用 HPB (Hot Rolled Plain Bars)表示,热轧带肋钢筋用 HRB(Hot Rolled Ribbed Bars)表示,牌号指该钢筋屈服强度特征值。例如,HPB300 表示屈服强度级别为 300MPa 的热轧光圆钢筋。《混凝土结构设计规范》(GB 50010—2010)(2015 年版)中将钢筋分为 HPB300、HRB400、HRB500 三种级别,在结构施工图中用 A、C、D 表示以上三种级别的钢筋。根据"四节一环保"(节能、节地、节水、节材和环境保护)的要求,提倡应用高强度、高性能钢筋,优先使用 400MPa 强度级别钢筋;积极推广 500MPa 强度级别钢筋;逐步限制、淘汰 335MPa 强度级别钢筋。最终形成 300MPa、400MPa、500MPa 的强度梯次,与国际接轨。

1.1.2 钢筋混凝土的保护层厚度

为了保护混凝土中的钢筋不受外界环境的影响,钢筋混凝土构件都需设置保护层。《混凝土结构设计规范》(GB 50010—2010)(2015 年版)对保护层厚度的定义为最外层钢筋外边缘至混凝土表面的距离,适用于设计年限为 50 年的混凝土结构。混凝土结构的环境类别和混凝土保护层的最小厚度可参照表 1-1 和表 1-2。

表 1-1 混凝土结构的环境类别

环境类别	条 件
一	室内干燥环境; 无侵蚀静水浸没环境
二 a	室内潮湿环境; 非严寒和非寒冷地区的露天环境; 非严寒和非寒冷地区与无侵蚀性的水或土壤直接接触的环境; 严寒和寒冷地区的冰冻线以下与无侵蚀性的水或土壤直接接触的环境
二 b	干湿交替环境; 水位频繁变动环境; 严寒和寒冷地区的露天环境; 严寒和寒冷地区冰冻线以上与无侵蚀性的水或土壤直接接触的环境
三 a	严寒和寒冷地区冬季水位变动环境; 受除冰盐影响环境; 海风环境
三 b	盐渍土环境; 受除冰盐作用环境; 海岸环境
四	海水环境
五	受人为或自然的侵蚀性物质影响的环境

环境类别	板、墙	梁、柱
一	15	20
二 a	20	25
二 b	25	35
三 a	30	40
三 b	40	50

表 1-2　混凝土保护层的最小厚度　　　　　　　　　单位:mm

注:① 表中数值适用于设计使用年限为 50 年的混凝土结构,对设计使用年限为 100 年的混凝土结构,其最外层钢筋的保护层厚度不应小于表中数值的 1.4 倍。

② 混凝土强度等级为 C25 时,表中保护层厚度数值应增加 5mm。

③ 钢筋混凝土基础宜设置混凝土垫层,基础中钢筋的混凝土保护层厚度应从垫层顶面算起,且不应小于 40mm。

1.2　钢筋锚固长度

1.2.1　锚固长度的概念

钢筋与混凝土之所以能够可靠地结合,实现共同工作,主要原因就是它们之间存在黏结力。很明显,钢筋伸入混凝土内的长度越长,黏结效果越好。钢筋锚固长度是指钢筋在混凝土中的嵌入长度,用于确保钢筋与混凝土之间的良好黏结和传力。

在混凝土结构中,钢筋的锚固长度对于结构的稳定性、承载能力和耐久性至关重要,如图 1-2 所示,其目的是防止钢筋被拔出。图中,l_{aE} 指抗震锚固长度。另外,非抗震锚固长度用 l_a 表示。

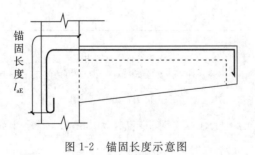

图 1-2　锚固长度示意图

1.2.2　锚固长度的计算

影响钢筋锚固长度的因素包括钢筋的直径、混凝土的强度、结构的要求以及相关的设计规范。国家建筑标准设计图集《混凝土结构施工图平面整体表示方法制图规则和构造详图(现浇混凝土框架、剪力墙、梁、板)》(22G101-1)中对受拉钢筋的基本锚固长度和锚固长度做了具体规定,见表 1-3~表 1-6。

表 1-3 受拉钢筋基本锚固长度 l_{ab}

钢筋种类	混凝土强度等级							
	C25	C30	C35	C40	C45	C50	C55	≥C60
HPB300	$34d$	$30d$	$28d$	$25d$	$24d$	$23d$	$22d$	$21d$
HPB400、HRBF400、RRB400	$40d$	$35d$	$32d$	$29d$	$28d$	$27d$	$26d$	$25d$
HRB500、HRBF500	$48d$	$43d$	$39d$	$36d$	$34d$	$32d$	$31d$	$30d$

表 1-4 抗震设计时受拉钢筋基本锚固长度 l_{abE}

钢筋种类及抗震等级		混凝土强度等级							
		C25	C30	C35	C40	C45	C50	C55	≥C60
HPB300	一、二级	$39d$	$35d$	$32d$	$29d$	$28d$	$26d$	$25d$	$24d$
	三级	$36d$	$32d$	$29d$	$26d$	$25d$	$24d$	$23d$	$22d$
HRB400、HRBF400	一、二级	$46d$	$40d$	$37d$	$33d$	$32d$	$31d$	$30d$	$29d$
	三级	$42d$	$37d$	$34d$	$30d$	$29d$	$28d$	$27d$	$26d$
HRB500、HRBF500	一、二级	$55d$	$49d$	$45d$	$41d$	$39d$	$37d$	$36d$	$35d$
	三级	$50d$	$45d$	$41d$	$38d$	$36d$	$34d$	$33d$	$32d$

注：① 四级抗震等级时，$l_{abE}=l_{ab}$。

② 当锚固钢筋的保护层厚度不大于 $5d$ 时，锚固钢筋长度范围内应设置横向构造钢筋，其直径不应小于 $d/4$（d 为锚固钢筋的最大直径）；其间距对梁、柱等构件不应大于 $5d$，对板、墙等构件间距不应大于 $10d$，且均不应大于 100mm（d 为锚固钢筋的最小直径）。

【案例 1】 某工程采用 HRB400 钢筋，直径为 28mm，混凝土强度等级为 C30，抗震等级为二级，求出它的 l_{aE}。

解：查表 1-6 得 l_{aE} 为 $45d$，因此

$$l_{aE}=45\times28=1260(\text{mm})$$

【案例 2】 某工程采用 HRB400 钢筋，直径为 20，混凝土强度等级为 C35，抗震等级为二级，求出它的抗震锚固长度。

解：查表 1-6 得 l_{aE} 为 $37d$，因此

$$l_{aE}=37\times20=740(\text{mm})$$

表 1-5 受拉钢筋锚固长度 l_a

钢筋种类	混凝土强度等级															
	C25		C30		C35		C40		C45		C50		C55		≥C60	
	$d \leq 25$	$d > 25$	$d \leq 25$	$d > 25$	$d \leq 25$	$d > 25$	$d \leq 25$	$d > 25$	$d \leq 25$	$d > 25$	$d \leq 25$	$d > 25$	$d \leq 25$	$d > 25$	$d \leq 25$	$d > 25$
HPB300	$34d$	—	$30d$	—	$28d$	—	$25d$	—	$24d$	—	$23d$	—	$22d$	—	$21d$	—
HPB400、HRBF400、RRB400	$40d$	$44d$	$35d$	$39d$	$32d$	$35d$	$29d$	$32d$	$28d$	$31d$	$27d$	$30d$	$26d$	$29d$	$25d$	$28d$
HRB500、HRBF500	$48d$	$53d$	$43d$	$47d$	$39d$	$43d$	$36d$	$40d$	$34d$	$37d$	$32d$	$35d$	$31d$	$34d$	$30d$	$33d$

表 1-6 抗震设计时受拉钢筋锚固长度 l_{aE}

钢筋种类及抗震等级		混凝土强度等级															
		C25		C30		C35		C40		C45		C50		C55		≥C60	
		$d \leq 25$	$d > 25$	$d \leq 25$	$d > 25$	$d \leq 25$	$d > 25$	$d \leq 25$	$d > 25$	$d \leq 25$	$d > 25$	$d \leq 25$	$d > 25$	$d \leq 25$	$d > 25$	$d \leq 25$	$d > 25$
HPB300	一、二级	$39d$	—	$35d$	—	$32d$	—	$29d$	—	$28d$	—	$26d$	—	$25d$	—	$24d$	—
	三级	$36d$	—	$32d$	—	$29d$	—	$26d$	—	$25d$	—	$24d$	—	$23d$	—	$22d$	—
HRB400、HRBF400	一、二级	$46d$	$51d$	$40d$	$45d$	$37d$	$40d$	$33d$	$37d$	$32d$	$36d$	$31d$	$35d$	$30d$	$33d$	$29d$	$32d$
	三级	$42d$	$46d$	$37d$	$41d$	$34d$	$37d$	$30d$	$34d$	$29d$	$33d$	$28d$	$32d$	$27d$	$30d$	$26d$	$29d$
HRB500、HRBF500	一、二级	$55d$	$61d$	$49d$	$54d$	$45d$	$49d$	$41d$	$46d$	$39d$	$43d$	$37d$	$40d$	$36d$	$39d$	$35d$	$38d$
	三级	$50d$	$56d$	$45d$	$49d$	$41d$	$45d$	$38d$	$42d$	$36d$	$39d$	$34d$	$37d$	$33d$	$36d$	$32d$	$35d$

注：① 当为环氧树脂涂层带肋钢筋时，表中数据尚应乘以1.25。
② 当纵向受拉钢筋在施工过程中易受扰动时，表中数据尚应乘以1.1。
③ 当锚固长度范围内纵向受力钢筋周边保护层厚度为3d、5d(d为锚固钢筋的直径)时，表中数据分别乘以0.8、0.7，中间时按内插取值。
④ 当纵向受拉普通钢筋锚固长度修正系数(注①~注③)多于一项时，可按连乘计算。
⑤ 受拉钢筋的锚固长度 l_a、l_{aE} 计算值不应小于200mm。
⑥ 四级抗震等级时，$l_{aE} = l_a$。
⑦ 当锚固钢筋的保护层厚度不大于5d时，锚固长度范围内应设置横向构造钢筋，其直径不应小于d/4(d为锚固钢筋的最大直径)；其间距对梁、柱等构件不应大于5d，对板、墙等构件不应大于10d，且均不应大于100mm(d为锚固钢筋的最小直径)。

1.3 钢筋的连接

1.3.1 钢筋连接的种类

在工程上,钢筋的连接方式主要取决于结构设计、施工方法和工程要求。工程中钢筋的连接方式主要有绑扎连接、机械连接和焊接3种。

绑扎连接是一种常用的钢筋连接方式,通过使用钢丝线或扭绳将两根或多根钢筋牢固地绑扎在一起。绑扎连接通常用于钢筋的重叠连接、梁柱节点钢筋、墙体钢筋等应用场景,如图1-3所示。

图1-3 绑扎连接

钢筋的机械连接方式在工程中广泛应用,其具有连接强度高的特点。机械连接是通过使用机械连接器将钢筋牢固地连接在一起,如图1-4所示。这种连接方式常用于需要固定位置和较大连接力的结构,以提供可靠的连接性能。

在工程上,钢筋的焊接是一种常见的连接方式,如图1-5所示。焊接是通过将钢筋熔化并加以熔合来实现连接。焊接通常适用于需要高强度和可靠连接的结构,如大型桥梁、高层建筑、钢结构等。

图 1-4　机械连接

图 1-5　焊接

1.3.2　钢筋搭接长度的规定

钢筋的搭接长度是钢筋计算中的一个重要参数,22G101-1 图集对纵向受拉钢筋搭接长度的规定见表 1-7 和表 1-8。实际操作时需要注意以下几点。

(1) 当受拉钢筋直径>25mm 及受压钢筋直径>28mm 时,不宜采用绑扎连接。

(2) 轴心受拉及小偏心受拉构件中纵向受力钢筋不应采用绑扎连接。

(3) 纵向受力钢筋连接位置宜避开梁端、柱端箍筋加密区。必须在此连接时,应采用机械连接或焊接。

表 1-7　纵向受拉钢筋搭接长度 l_l

钢筋种类及同一区段内搭接钢筋面积百分率		混凝土强度等级														
		C25		C30		C35		C40		C45		C50		C55		C60	
		$d{\leq}25$	$d{>}25$	$d{\leq}25$	$d{>}25$	$d{\leq}25$	$d{>}25$	$d{\leq}25$	$d{>}25$	$d{\leq}25$	$d{>}25$	$d{\leq}25$	$d{>}25$	$d{\leq}25$	$d{>}25$	$d{\leq}25$	$d{>}25$
HPB300	≤25%	41d	—	36d	—	34d	—	30d	—	29d	—	28d	—	26d	—	25d	—
HPB300	50%	48d	—	42d	—	39d	—	35d	—	34d	—	32d	—	31d	—	29d	—
HPB300	100%	54d	—	48d	—	45d	—	40d	—	38d	—	37d	—	35d	—	34d	—
HRB400 HRBF400 RRB400	≤25%	48d	53d	42d	47d	38d	42d	35d	38d	34d	37d	32d	36d	31d	35d	30d	34d
HRB400 HRBF400 RRB400	50%	56d	62d	49d	55d	45d	49d	41d	45d	39d	43d	38d	42d	36d	41d	35d	39d
HRB400 HRBF400 RRB400	100%	64d	70d	56d	62d	51d	56d	46d	51d	45d	50d	43d	48d	42d	46d	40d	45d
HRB500 HRBF500	≤25%	58d	64d	52d	56d	47d	52d	43d	48d	41d	44d	38d	42d	37d	41d	36d	40d
HRB500 HRBF500	50%	67d	74d	60d	66d	55d	60d	50d	56d	48d	52d	45d	49d	43d	48d	42d	46d
HRB500 HRBF500	100%	77d	85d	69d	75d	62d	69d	58d	64d	54d	59d	51d	56d	50d	54d	48d	53d

注：① 表中数值为纵向受拉钢筋绑扎搭接接头的搭接长度。

② 当两根不同直径钢筋搭接时，表中 d 取钢筋较小直径。

③ 当为环氧树脂涂层带肋钢筋时，表中数据尚应乘以 1.25。

④ 当纵向受拉钢筋在施工过程中易受扰动时，表中数据尚应乘以 1.1。

⑤ 当搭接长度范围内纵向受力钢筋周边保护层厚度为 3d（d 为锚固钢筋的直径）时，表中数据可乘以 0.8；保护层厚度不小于 5d 时，表中数据可乘以 0.7，中间时按内插取值。

⑥ 当上述修正系数（注③～注⑤）多于一项时，可按连乘计算。

⑦ 当位于同一连接区段内的钢筋搭接接头面积百分率为表中数据中间值时，搭接长度可按内插取值。

⑧ 任何情况下，搭接长度不应小于 300mm。

⑨ HPB300 钢筋末端应做 180°弯钩，做法详见 22G101-1 图集第 2 - 2 页。

表 1-8 纵向受拉钢筋抗震搭接长度 l_{lE}

钢筋种类及同一区段内搭接钢筋面积百分率		C25		C30		C35		C40		C45		C50		C55		C60	
混凝土强度等级		$d\leq25$	$d>25$	$d\leq25$	$d>25$	$d\leq25$	$d>25$	$d\leq25$	$d>25$	$d\leq25$	$d>25$	$d\leq25$	$d>25$	$d\leq25$	$d>25$	$d\leq25$	$d>25$
一、二级抗震等级 HPB300	≤25%	47d	—	42d	—	38d	—	35d	—	34d	—	31d	—	30d	—	29d	—
	50%	55d	—	49d	—	45d	—	41d	—	39d	—	36d	—	35d	—	34d	—
HRB400 HRBF400	≤25%	55d	61d	48d	54d	44d	48d	40d	44d	38d	43d	37d	42d	36d	40d	35d	38d
	50%	64d	71d	56d	63d	52d	56d	46d	52d	45d	50d	43d	49d	42d	46d	41d	45d
HRB500 HRBF500	≤25%	66d	73d	59d	65d	54d	59d	49d	55d	47d	52d	44d	48d	43d	47d	42d	46d
	50%	77d	85d	69d	76d	63d	69d	57d	64d	55d	60d	52d	56d	50d	55d	49d	53d
三级抗震等级 HPB300	≤25%	43d	—	38d	—	35d	—	31d	—	30d	—	29d	—	28d	—	26d	—
	50%	50d	—	45d	—	41d	—	36d	—	35d	—	34d	—	32d	—	31d	—
HRB400 HRBF400	≤25%	50d	55d	44d	49d	41d	44d	36d	41d	35d	40d	34d	38d	32d	36d	31d	35d
	50%	59d	64d	52d	57d	48d	52d	42d	48d	41d	46d	39d	45d	38d	42d	36d	41d
HRB500 HRBF500	≤25%	60d	67d	54d	59d	49d	54d	46d	50d	43d	47d	41d	44d	40d	43d	38d	42d
	50%	70d	78d	63d	69d	57d	63d	53d	59d	50d	55d	48d	52d	46d	50d	45d	49d

注：① 表中数值为纵向受拉钢筋绑扎搭接接头的搭接长度。

② 当两根不同直径钢筋搭接时，表中 d 取钢筋较小直径。

③ 当为环氧树脂涂层带肋钢筋时，表中数据尚应乘以 1.25。

④ 当纵向受拉钢筋在施工过程中易受扰动时，表中数据尚应乘以 1.1。

⑤ 当搭接长度范围内纵向受力钢筋周边保护层厚度为 3d（d 为锚固钢筋的直径）时，表中数据可乘以 0.8，保护层厚度不小于 5d 时，表中数据可乘以 0.7，中间时按内插取值。

⑥ 当上述修正系数（注③～注⑤）多于一项时，可按连乘计算。

⑦ 当位于同一连接区段内的钢筋搭接接头面积百分率为 100% 时，$l_{lE}=1.6l_{aE}$。

⑧ 当位于同一连接区段内的钢筋搭接接头面积百分率为表中数据中间值时，搭接长度可按内插取值。

⑨ 任何情况下，搭接长度不应小于 300mm。

⑩ 四级抗震等级时 $l_{lE}=l_l$，详见 22G101-1 图集第 2-5 页。

⑪ HPB300 钢筋末端应做 180°弯钩，做法详见 22G101-1 图集第 2-2 页。

学习笔记

项目2 柱平法识读与柱内钢筋计算

重点提示

1. 了解柱平法施工图识读的基本知识,如柱的列表注写、截面注写。

2. 了解柱中钢筋的表示方法,如柱中纵筋、箍筋的表示方法,还要了解柱中钢筋的构造形式、柱中纵筋的搭接。

3. 了解柱构件嵌固部位的概念及标注。

4. 掌握基础插筋的概念及计算,如不同情况下基础内插筋长度的计算。

5. 掌握首层柱、中间层柱、顶层柱钢筋的相关计算,如纵筋长度计算、箍筋根数计算等。

在建筑和土木工程中,柱子是支撑和传递载荷的重要结构元素之一。柱子的设计和施工需要考虑包括尺寸、形状、荷载以及钢筋的布置等多种因素。为了确保柱子的安全性、稳定性和承载能力,柱平法识读和柱内钢筋计算是至关重要的技能。柱平法识读是指根据设计图纸和规范的要求,正确理解和解读柱子的平法布置和尺寸。柱平法施工图的正确识读是保证柱子符合设计要求、与其他结构部件协调一致的基础。它涉及理解平面布置图、立面图、剖面图等设计图纸,并正确应用设计规范中的尺寸标注、符号和表示方法。在本项目中,将介绍柱平法识读和柱内钢筋计算的基本原理、方法和步骤。

2.1 柱的平法知识解读

2.1.1 柱的分类

依据国家建筑标准设计图集 22G101-1,工程中按类型将柱分为框架柱(KZ)、转换柱(ZHZ)和芯柱(XZ),具体见表 2-1。

表 2-1 柱的分类

柱类型	代号	特　　点
框架柱	KZ	在框架结构中主要承受竖向压力;将来自框架梁的荷载向下传输,是框架结构中承载力最大的构件。框架柱承受的荷载主要有自身荷载、上部构件荷载、活荷载(设备、家具等位置移动)、流动荷载(人员流动)、外部荷载(风、地震、雨雪等)等
转换柱	ZHZ	在框架结构向剪力墙结构转换层,柱的上层变为剪力墙时,该柱定义为转换柱
芯柱	XZ	芯柱不是一根独立的柱子,在建筑外表是看不到的,隐藏在柱内。当柱截面较大时,由设计人员计算柱的承载力情况,当外侧一圈钢筋不能满足承载力要求时,可在柱中再设置一圈纵筋。由柱内侧钢筋围成的柱称为芯柱

依据图集 22G101-1 中有关"柱平法施工图制图规则、柱平法施工图的表示方法、列表注写方式"中的规定,梁上起框架柱的根部标高指梁顶面标高,剪力墙起框架柱的标高为墙顶面标高,从基础起的柱,其根部标高指基础顶面标高。框架柱和转换柱的底部标高指基础顶面标高,顶部标高指楼板上表面标高,也就是层高。

工程中按柱所在的结构位置,将柱分为角柱、边柱和中柱,如图 2-1 所示。角柱是位于建筑物角点位置的柱子。它们位于建筑物的外角或内角处,用于支撑和传递荷载,并提供结构的稳定性。角柱通常在平面布置图中与墙体交叉或接触,并负责支撑墙体和连接不同方向的结构构件。

边柱是位于建筑物边缘位置的柱子。它们位于建筑物的边界线上,用于支撑和传递荷载,并提供结构的稳定性。边柱通常与墙体平行布置,并负责支撑墙体、承担侧向荷载和连接其他结构构件。

中柱是位于建筑物内部的柱子。它们位于建筑物内部空间,用于支撑和传递垂直荷载,并提供结构的承载能力。中柱通常起到支撑层板、梁和其他垂直荷载的作用,确保结构的稳定性和垂直荷载的传递。

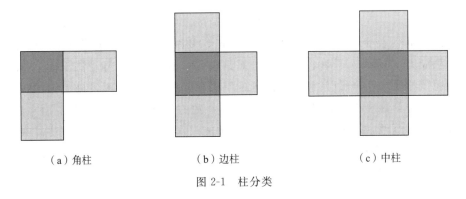

（a）角柱　　　　　　　　（b）边柱　　　　　　　　（c）中柱

图 2-1　柱分类

2.1.2　柱平法施工图的表示方法

柱的平法施工图标注方式分为列表注写和截面注写两种方式。

1. 列表注写

柱平法施工图中,列表注写通常以表格的形式呈现,每一行对应一个柱子的注写信息。表格中的列根据具体需求和设计要求,可以是柱号、尺寸、高度、配筋信息等。每个柱子的注写信息应清晰、准确地表达,并与施工图中的柱子定位和标注相对应。

列表注写是在柱平面布置图上以适当比例绘制一张柱平面布置图,在同一编号柱中选择一个截面标注几何参数代号。在柱表中注写柱编号、柱段起止标高、几何尺寸与配筋具体数值,并配以各种柱截面形状及箍筋类型以表达柱平法施工图。

矩形柱的标注形式为柱的截面尺寸 $b \times h$ 及与轴线存在关系的几何参数 b_1、b_2 和 h_1、h_2 的具体数值,需对应于各段柱分别注写,其中,$b = b_1 + b_2$,$h = h_1 + h_2$。当截面的某一边收缩变化与轴线重合或偏到轴线的另一侧时,b_1、b_2、h_1、h_2 中的某项为零或者为负值。柱列表标注如表 2-2 所示。

表 2-2 柱列表标注

柱号	标 高	$b \times h$	角筋	b 边一侧钢筋	h 边一侧钢筋	箍筋	箍筋类型
KZ1	地下室顶面～屋顶	400×400	4Φ18	1Φ18	1Φ18	Φ8@100/200	3×3
KZ2	地下室顶面～屋顶	400×400	4Φ20	1Φ20	1Φ20	Φ8@100/200	3×3
KZ3	地下室顶面～屋顶	400×400	4Φ25	2Φ20	1Φ25	Φ8@100/200	3×3
KZ4	地下室顶面～屋顶	400×400	4Φ18	2Φ18	2Φ18	Φ8@100/200	4×4

圆形柱的标注, $b \times h$ 用圆柱直径数字前加 d 表示,圆柱截面与轴线的关系用 b_1、b_2 和 h_1、h_2 表示,且 $d = b_1 + b_2 = h_1 + h_2$。

2. 截面注写

柱平法施工图中,截面注写通常以截面示意图或详细尺寸图的形式呈现。截面示意图用简化的图形表示柱子截面形状,而详细尺寸图则提供具体的尺寸数值和标注。截面注写应清晰、准确地表达柱子截面的形状和尺寸,并与施工图中的柱子定位和标示相对应。

截面注写方式是指在柱平面布置图的柱截面上,分别在同一编号的柱中选取一个截面,直接注写柱的截面尺寸和配筋具体数值的方式来表达柱平法施工图。在柱截面注写方式中,如柱的分段截面尺寸和配筋均相同,仅截面的轴线关系不同时,可将其编为同一柱号,但需在未画配筋的柱截面上注写该柱截面与轴线关系的具体尺寸,如图 2-2 所示。

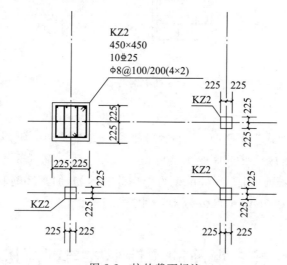

图 2-2 柱的截面标注

图 2-2 中截面标注的信息:柱编号为 KZ2,柱截面尺寸 $b \times h$ 为 450mm×450mm,柱全部纵向钢筋为 10 根直径为 25mm 的 HRB400 钢筋,箍筋是直径为 8mm 的 HPB300 钢筋,加密区钢筋间距为 100mm,非加密区钢筋间距为 200mm。

2.1.3 柱中钢筋的表示

1. 纵筋

柱中纵筋的排列形式众多,大致分为全部纵筋标注与角筋、b 边钢筋、h 边钢筋标注两种表示形式。在钢筋算量软件中,当柱中全部纵筋为 4 的倍数时,柱中钢筋的两组形式都可以表示;当不为 4 的倍数时,需以角筋、b 边钢筋、h 边钢筋进行标注。如图 2-2 中,KZ2中 10Φ25 表示柱中全部纵筋为 10 根直径为 25mm 的 HRB400 钢筋,或者表示角筋为 4 根直径为 25mm 的 HRB400 钢筋,b 边钢筋为 1 根直径为 25mm 的 HRB400 钢筋,h 边钢筋为 1 根直径为 25mm 的 HRB400 钢筋。

当柱中钢筋不以全部纵筋表示时,需在 b 边和 h 边标注相应的钢筋信息,如图 2-3 所示。图中标注 KZ3 中角筋为 4 根直径为 22mm 的 HRB400 钢筋,b 边为 2 根直径为 20mm 的 HRB400 钢筋,h 边为 2 根直径为 20mm 的 HRB400 钢筋。

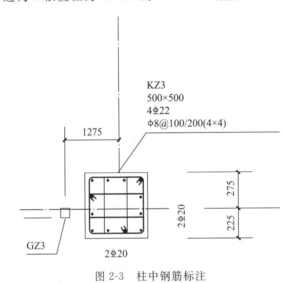

图 2-3 柱中钢筋标注

2. 箍筋

柱中箍筋的标注形式为钢筋型号+间距+肢数。如图 2-2 中,箍筋为 8 根直径为 8mm的 HPB300 钢筋,加密区钢筋的间距为 100mm,非加密区钢筋的间距为 200mm,肢数为4×2 肢箍。图 2-3 中箍筋为直径为 8mm 的 HPB300 钢筋,加密区钢筋的间距为 100mm,非加密区钢筋的间距为 200mm,肢数为 4×4 肢箍。

2.2 柱中钢筋的构造形式与钢筋搭接

一般柱的纵向钢筋分为基础插筋、中间层纵筋、顶层纵筋 3 部分,如图 2-4 所示。

工程中结构施工顺序为基础层、中间层和顶层。为施工方便,在浇筑基础时会在基础内预埋一段插筋,用于和基础柱中钢筋的搭接,钢筋的型号和位置与上层柱相同。

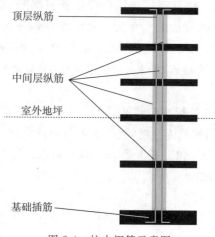

图 2-4　柱中钢筋示意图

钢筋的连接方式很多，对于柱中钢筋，工程中常用绑扎连接、焊接、机械连接，如图 2-5 所示。绑扎连接是指直接将钢筋绑扎在一起，这种方式主要用于直径在 12mm 以下的钢

（a）绑扎连接

（b）焊接

（c）机械连接

图 2-5　柱纵筋的连接形式

筋,如构造柱和剪力墙钢筋。钢筋焊接是用电焊设备将钢筋沿轴向接长或交叉连接。钢筋焊接质量与钢材的可焊性、焊接工艺有关。可焊性与钢筋所含的碳、锰、钛等合金元素有关。常用的焊接方法有闪光对焊、电弧焊、电渣压力焊、钢筋气压焊等。机械连接是指用和钢筋直径相等的螺栓进行连接的方式,这种方式主要针对直径在 25mm 以上的钢筋。

柱相邻纵向钢筋连接,连接接头应错开,在同一连接区段内钢筋接头面积百分率不宜大于 50%。当柱中纵筋采用绑扎连接时,上下高低位钢筋搭接长度为 l_{lE},错开长度至少为 $0.3l_{lE}$;当柱中纵筋采用焊接时,错开长度为 35d 与 500mm 的最大值;当柱中纵筋采用机械连接时,错开长度为 35d,如图 2-6 所示。

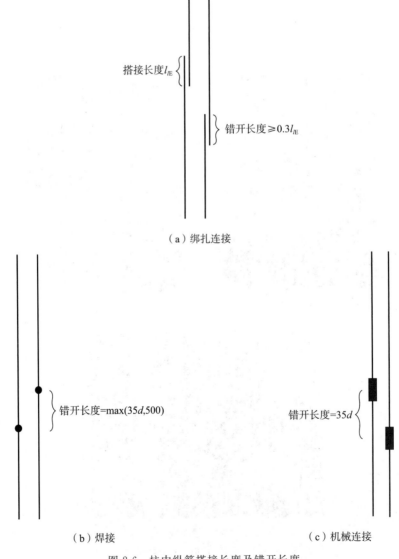

（a）绑扎连接

（b）焊接 （c）机械连接

图 2-6　柱中纵筋搭接长度及错开长度

2.3 嵌固部位及基础插筋

2.3.1 嵌固部位的概念

嵌固部位即嵌固端,也称为固定端。从理论上讲,结构下部的嵌固部位应能限制结构上部构件在水平方向的"平动位移"和"转动位移"。简单来说,就是不允许构件在此部位有任何位移,并将上部结构的剪力全部传递给下部结构。因此,对作为主体结构嵌固部位的地下室楼层,其整体刚度和承载力应加以控制。钢筋嵌固部位是底层柱区(箍筋加密区)计算长度的起始位置。

2.3.2 嵌固位置的标注

(1)嵌固位置为框架柱基础顶面时,无须注明。

(2)层高表中,双细线表示不在基础顶面时的嵌固部位。

(3)双虚线表示嵌固部位不在地下室顶板,但仍需考虑地下室顶板对上部结构实际存在的嵌固作用,如图 2-7 所示。

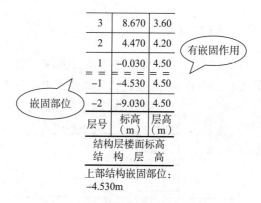

图 2-7 柱嵌固位置表示

2.3.3 基础插筋的概念

由于施工工艺的限制,建筑物的基础混凝土不可能与上面的结构混凝土一起浇筑,但上部结构的配筋又必须伸入基础中进行锚固,因此,在浇筑基础混凝土之前,要先把上部结构的配筋安装在基础中,预先安放的钢筋就是基础插筋。它与上部结构的纵向配筋是一致的,箍筋起暂时构造作用。因插筋需要临时成型与固定,临时箍筋一般是在混凝土上表面以下 50mm 设置第 1 道,再向上按设计要求设置 1～2 道。如果插筋很长,为一层楼高或更高,就需要按照设计图纸进行设置。

一般基础和柱子是分开施工的,这时柱子的钢筋如果直接留在基础里,由于钢筋很长不方便施工,所以会留出一段钢筋用于与柱子的钢筋搭接,大小和根数应该和上层柱相同。基础内的箍筋一般是 2～3 道,用于固定插筋。高出基础顶面的箍筋按照图纸施工。伸入上层的钢筋长度一般留1m左右,需满足搭接或者焊接要求。基础插筋通常由基础内弯折部分、基础内竖直部分和伸入上层柱中部分组成,如图2-8所示。图2-8中基础高度h_j指基础底面至基础顶面的高度。当有基础梁时,基础高度h_j为梁底面至梁顶面的高度;当基础高度$h_j > l_{aE}$时,基础内高度应满足直锚要求;当基础高度$h_j \leqslant l_{aE}$时,基础内高度应满足弯锚要求。

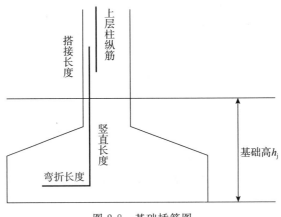

图 2-8　基础插筋图

2.3.4　基础插筋长度的相关计算

（1）保护层厚度$>5d$,基础高度满足直锚($h_j > l_{aE}$)要求,如图2-9基础插筋锚固构造图所示,此时基础内插筋由水平弯折部分、竖直部分和伸入上层柱部分组成。

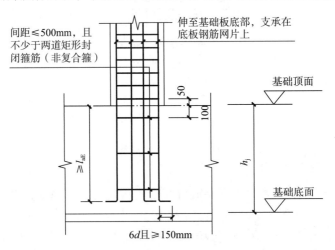

图 2-9　基础插筋锚固构造图（$h_j > l_{aE}$，$c > 5d$）

基础插筋长度＝基础内水平弯折长度＋基础内竖直长度＋首层下部非连接区长度＋
　　　搭接长度
　　　＝$D + (h_j - c) + H_n/3 + l_{lE}$
式中：D——基础内水平弯折长度,取 $\max(6d, 150)$;
　　　h_j——基础高度;

c——保护层厚度；

H_n——首层柱净高，首层下部非连接区长度取 $H_n/3$；

l_{lE}——搭接长度。

（2）保护层厚度 $>5d$，基础高度满足弯锚（$h_j \leqslant l_{aE}$）要求，如图 2-10 基础插筋锚固构造图所示，此时基础内插筋由水平弯锚部分、竖直部分和伸入上层柱部分组成。

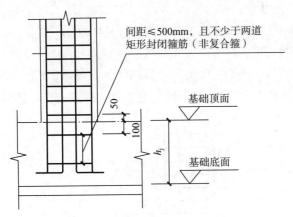

图 2-10　基础插筋锚固构造图（$h_j \leqslant l_{aE}$，$c > 5d$）

基础插筋长度＝基础内水平弯锚长度＋基础内竖直长度＋首层下部非连接区长度＋

搭接长度

$$= E + \max(h_j - c, 0.6l_{abE}, 20d) + H_n/3 + l_{lE}$$

式中：E——基础内水平锚固长度，取 $15d$；

h_j——基础高度；

c——保护层厚度；

H_n——本层柱净高，首层下部非连接区长度取 $H_n/3$；

l_{lE}——搭接长度。

（3）保护层厚度 $\leqslant 5d$，基础高度满足直锚（$h_j > l_{aE}$）要求，如图 2-11 基础插筋锚固构造图所示，此时基础内插筋由水平弯折部分、竖直部分和伸入上层柱部分组成。

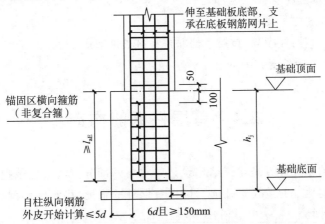

图 2-11　基础插筋锚固构造图（$h_j > l_{aE}$，$c \leqslant 5d$）

基础插筋长度＝基础内水平弯折长度＋基础内竖直长度＋首层下部非连接区长度＋
搭接长度

$$=D+(h_j-c)+H_n/3+l_{lE}$$

式中：D——基础内水平弯折长度，取 $\max(6d,150)$；

$\quad$ h_j——基础高度；

$\quad$ c——保护层厚度；

$\quad$ H_n——本层柱净高，首层下部非连接区长度取 $H_n/3$；

$\quad$ l_{lE}——搭接长度。

（4）保护层厚度≤5d，基础高度满足弯锚（$h_j \leqslant l_{aE}$）要求，如图 2-12 基础插筋锚固构造图所示，此时基础内插筋由水平弯锚部分、竖直部分和伸入上层柱部分组成。

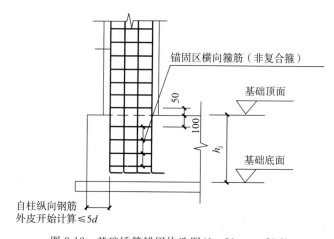

图 2-12　基础插筋锚固构造图（$h_j \leqslant l_{aE}$，$c \leqslant 5d$）

基础插筋长度＝基础内水平弯折长度＋基础内竖直长度＋首层下部非连接区长度＋
搭接长度

$$=E+\max(h_j-c,\ 0.6\ l_{abE},\ 20d)+H_n/3+l_{lE}$$

式中：E——基础内水平弯折长度，取 $15d$；

$\quad$ h_j——基础高度

$\quad$ c——保护层厚度；

$\quad$ H_n——本层柱净高，首层下部非连接区长度取 $H_n/3$；

$\quad$ l_{lE}——搭接长度。

2.4　首层柱钢筋构造

首层柱钢筋的相关计算是建筑结构设计中重要的部分。首层柱承担着承载上层结构荷载并将其传递到地基的重要责任。为确保首层柱的强度、稳定性和耐久性，必须进行合理的钢筋设计和计算。

2.4.1 柱纵筋长度的计算

当嵌固部位在基础部位时,首层柱纵筋长度如图 2-13 所示。钢筋的连接方式为焊接,纵筋的计算公式如下:

①、③号纵筋长度=首层柱净高−本层下部非连接区长度+梁高+
上层下部非连接长度
$$=首层柱净高−H_n/3+梁高+\max(H_n/6,h_c,500)$$
②、④号纵筋长度=首层柱净高−本层下部非连接区长度−错开长度+梁高+
上层下部非连接长度+错开长度
$$=首层柱净高−H_n/3−\max(35d,500)+梁高+$$
$$\max(H_n/6,h_c,500)+\max(35d,500)$$
$$=首层柱净高−H_n/3+梁高+\max(H_n/6,h_c,500)$$

式中:H_n为本层柱净高,上层下部非连接长度取 $\max(H_n/6,h_c,500)$,h_c 为柱截面的长边。

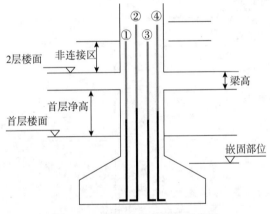

图 2-13　首层柱纵筋构造示意图

2.4.2 首层柱箍筋根数的计算

箍筋根数=下部加密区根数+上部加密区根数+中间非加密区根数
$$=\frac{H_n/3}{加密区间距}+1+\frac{梁高+\max(H_n/6,h_c,500)}{加密区间距}+1+$$
$$\frac{净高−上部加密区长度−下部加密区长度}{非加密区间距}−1$$

2.5　中间层柱钢筋构造

中间层柱钢筋的相关计算在建筑结构设计中具有重要意义。

2.5.1 柱纵筋的计算

柱筋构造如图 2-14 所示,中间层钢筋的连接方式为焊接。纵筋的计算公式如下:

①、③号纵筋长度＝中间层柱净高－本层下部非连接区长度＋梁高＋
    上层下部非连接长度
    ＝中间柱净高－$\max(H_{n2}/6, h_c, 500)$＋梁高＋$\max(H_{n3}/6, h_c, 500)$
    ＝中间柱层高（$H_{n2} = H_{n3}$）

②、④号纵筋长度＝中间层柱净高－本层下部非连接区长度－错开长度＋梁高＋
    上层下部非连接长度＋错开长度
    ＝中间层柱净高－$\max(H_{n2}/6, h_c, 500)$－$\max(35d, 500)$＋梁高＋
    $\max(H_{n3}/6, h_c, 500)$＋$\max(35d, 500)$
    ＝中间柱层高（$H_{n2} = H_{n3}$）

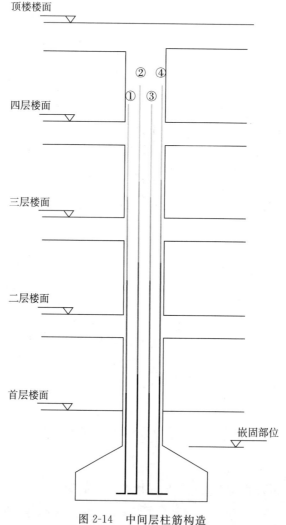

图 2-14 中间层柱筋构造

式中:H_n 为本层柱净高,上层下部非连接长度取 $\max(H_n/6, h_c, 500)$,h_c 为柱截面的长边。

2.5.2 柱箍筋根数的计算

箍筋根数＝下部加密区根数＋上部加密区根数＋中间非加密区根数

$$=\frac{\max(H_{n2}/6, h_c, 500)}{\text{加密区间距}}+1+\frac{\text{梁高}+\max(H_{n3}/6, h_c, 500)}{\text{加密区间距}}+1+$$

$$\frac{\text{净高}-\text{上部加密区长度}-\text{下部加密区长度}}{\text{非加密区间距}}-1$$

2.6 顶层柱钢筋构造

顶层柱根据柱所在的位置分为角柱、中柱和边柱,位置不同顶层柱中的钢筋构造也不同。

2.6.1 角柱

1. 当柱中钢筋作为梁的上部钢筋使用时

为了保护柱的边角部位不被破坏,会在柱的边角布置附加钢筋,见图 2-15。当柱外侧纵向钢筋直径不小于梁上部钢筋直径时,可伸入梁内作为梁上部纵向钢筋,柱外侧纵向钢筋就与梁上部钢筋形成整体,从而增加了构件的抗震能力。当柱纵筋直径不小于25mm 时,需在柱宽范围的柱箍筋内侧设置间距大于 150mm、直径不小于 3Φ10 的角部附加钢筋。

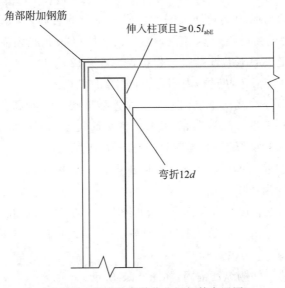

图 2-15 顶层柱角筋作为梁钢筋布置图

外侧角筋长度＝顶层净高－下层伸入本层非连接区长度＋梁高－保护层厚度＋伸入梁内的长度；当梁截面高度－保护层厚度$\geq l_{aE}$时直锚，此时内侧角筋长度＝顶层净高－下层伸入本层非连接区长度＋梁高－保护层厚度；当梁截面高度－保护层厚度$< l_{aE}$时弯锚，此时内侧角筋长度＝顶层净高－下层伸入本层非连接区长度＋梁高－保护层厚度＋$12d$。

2. 柱包梁情况

（1）从梁底算起$1.5l_{abE}$超过柱内侧边缘，如图 2-16 所示。

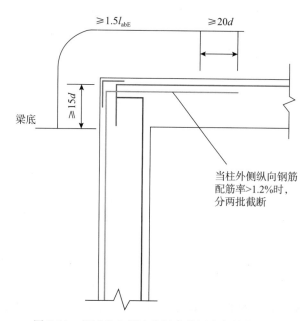

图 2-16　超过柱内侧边缘梁宽范围内角筋布置图

外侧角筋长度＝顶层净高－下层伸入本层非连接区长度＋$1.5l_{abE}$；当梁截面高度－保护层厚度$\geq l_{aE}$时直锚，此时内侧角筋长度＝顶层净高－下层伸入本层非连接区长度＋梁高－保护层厚度；当梁截面高度－保护层厚度$< l_{aE}$时弯锚，此时内侧角筋长度＝顶层净高－下层伸入本层非连接区长度＋梁高－保护层厚度＋$12d$。

（2）从梁底算起$1.5l_{abE}$不超过柱内侧边缘，如图 2-17 所示。

外侧角筋长度＝顶层净高－下层伸入本层非连接区长度＋梁高－保护层厚度＋$15d$；当梁截面高度－保护层厚度$\geq l_{aE}$时直锚，此时内侧角筋长度＝顶层净高－下层伸入本层非连接区长度＋梁高－保护层厚度；当梁截面高度－保护层厚度$< l_{aE}$时弯锚，此时内侧角筋长度＝顶层净高－下层伸入本层非连接区长度＋梁高－保护层厚度＋$12d$。

综合（1）和（2）可得出通用公式

$$外侧角筋长度＝顶层净高－下层伸入本层非连接区长度＋$$
$$\max(1.5l_{abE}，梁高－保护层厚度＋15d)$$

3. 梁宽范围外锚固

（1）未伸入梁内的柱外侧纵筋锚固，如图 2-18 所示。

外侧角筋长度＝顶层净高－下层伸入本层非连接区长度＋梁高－保护层厚度＋柱宽度－2×保护层厚度＋$8d$；当梁截面高度－保护层厚度$\geq l_{aE}$时直锚，此时内侧角筋长度＝

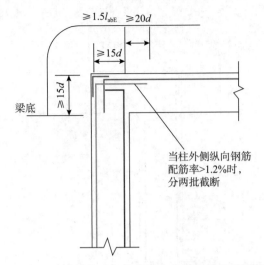

图 2-17 不超过柱内侧边缘梁宽范围内角筋布置图

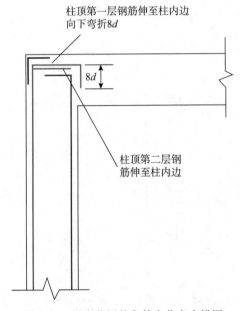

图 2-18 梁宽范围外角筋在节点内锚固

顶层净高－下层伸入本层非连接区长度＋梁高－保护层厚度；当梁截面高度－保护层厚度＜l_{aE}时弯锚,此时内侧角筋长度＝顶层净高－下层伸入本层非连接区长度＋梁高－保护层厚度＋12d。

（2）现浇板厚≥100mm 时柱外侧纵筋锚固,如图 2-19 所示。

外侧角筋长度＝顶层净高－下层伸入本层非连接区长度＋梁高－保护层厚度＋柱宽－保护层厚度＋15d；当梁截面高度－保护层厚度≥l_{aE}时直锚,此时内侧角筋长度＝顶层净高－下层伸入本层非连接区长度＋梁高－保护层厚度；当梁截面高度－保护层厚度＜l_{aE}时弯锚,此时内侧角筋长度＝顶层层高－顶层非连接区－保护层厚度＋12d。

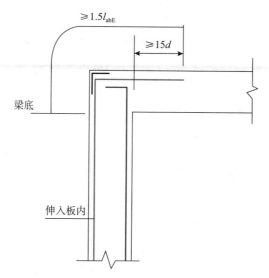

图 2-19　梁宽范围外角筋伸入现浇板内锚固

4. 柱包梁情况

梁宽范围内钢筋锚固如图 2-20 所示。

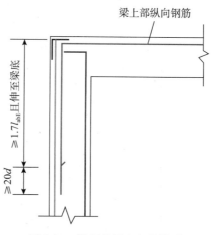

图 2-20　梁宽范围内角筋锚固

外侧角筋长度＝顶层净高－下层伸入本层非连接区长度＋梁高－保护层厚度；当梁截面高度－保护层厚度$\geq l_{aE}$时直锚，此时内侧角筋长度＝顶层净高－下层伸入本层非连接区长度＋梁高－保护层厚度；当梁截面高度－保护层厚度$< l_{aE}$时弯锚，此时内侧角筋长度＝顶层层高－顶层非连接区－保护层厚度＋12d。

2.6.2　中柱

1. 弯锚

（1）当梁高－保护层厚度$< l_{aE}$，柱顶板厚$<100\text{mm}$时，钢筋采用弯锚形式，节点 1 如图 2-21 所示。

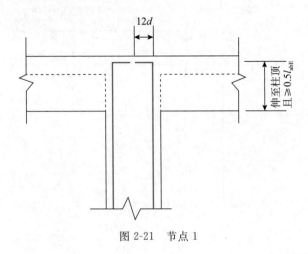

图 2-21　节点 1

柱纵向钢筋长度＝顶层净高＋梁高－保护层厚度－下层伸入本层非连接区长度＋$12d$，下层伸入本层非连接区长度取 $\max(H_n/6, h_c, 500)$，h_c 为柱截面的长边。

（2）当梁高－保护层厚度＜l_{aE}，柱顶板厚≥100mm 时，钢筋采用弯锚形式，节点 2 如图 2-22 所示。

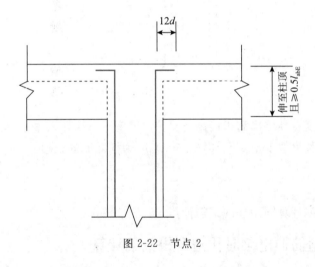

图 2-22　节点 2

柱纵向钢筋长度＝顶层净高＋梁高－保护层厚度－下层伸入本层非连接区长度＋$12d$，下层伸入本层非连接区长度取 $\max(H_n/6, h_c, 500)$，h_c 为柱截面的长边，与节点 1 一致。

2. 直锚

（1）当梁高－保护层厚度≥l_{aE}时，钢筋采用直锚形式，节点 3 如图 2-23 所示。

柱纵向钢筋长度＝顶层净高＋梁高－保护层厚度－下层伸入本层非连接区长度＋$12d$，下层伸入本层非连接区长度取 $\max(H_n/6, h_c, 500)$，h_c 为柱截面的长边，柱顶板厚度≥100mm 时可向外弯折。

（2）当梁高－保护层厚度≥l_{aE}时，钢筋采用直锚形式，且柱纵向钢筋加锚头或锚板，节点 4 如图 2-24 所示。

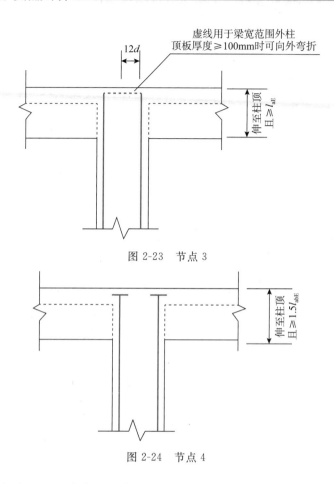

图 2-23 节点 3

图 2-24 节点 4

柱纵向钢筋长度=顶层净高+梁高-保护层厚度-下层伸入本层非连接区长度,下层伸入本层非连接区长度取 $\max(H_n/6, h_c, 500)$,h_c 为柱截面的长边。

2.6.3 边柱

顶层边柱的钢筋计算同角柱的钢筋计算。

2.6.4 顶层柱箍筋伸出梁时构造及根数的计算

1. 根数计算

$$上部加密区根数=\frac{\max(H_n/6, h_c, 500)+梁高}{加密区间距}+1$$

$$下部加密区根数=\frac{\max(H_n/6, h_c, 500)}{加密区间距}+1$$

$$非加密区根数=\frac{净高-上加密区长度-下加密区长度}{非加密区间距}-1$$

2. 柱伸出梁时构造

(1) 当柱中钢筋伸出长度自梁顶算起满足直锚长度时采用直锚,如图 2-25 所示。

(2) 当柱中钢筋伸出长度自梁顶算起不能满足直锚长度时采用弯锚,如图 2-26 所示。

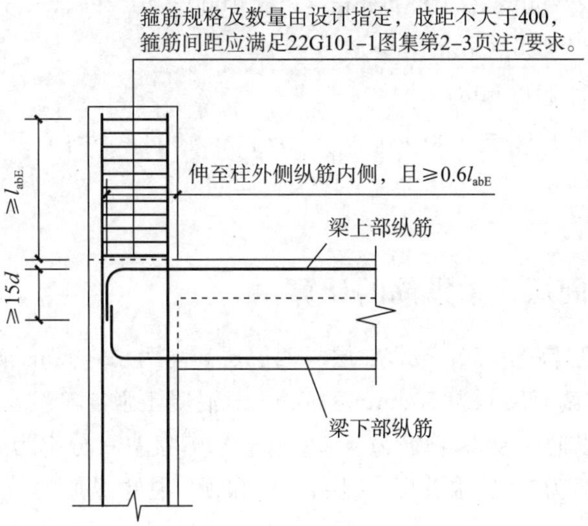

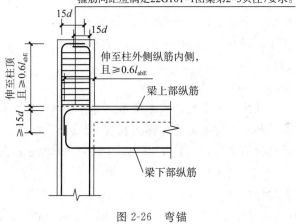

箍筋规格及数量由设计指定，肢距不大于400，
箍筋间距应满足22G101-1图集第2-3页注7要求。
≥l_{abE}
伸至柱外侧纵筋内侧，且≥$0.6l_{abE}$
梁上部纵筋
≥15d
梁下部纵筋

图 2-25　直锚

箍筋规格及数量由设计指定，肢距不大于400，
箍筋间距应满足22G101-1图集第2-3页注7要求。
15d
15d
伸至柱顶
且≥$0.6l_{abE}$
伸至柱外侧纵筋内侧，
且≥$0.6l_{abE}$
梁上部纵筋
≥15d
梁下部纵筋

图 2-26　弯锚

2.7　柱钢筋计算案例

2.7.1　基础插筋

【案例 1】 基础高 1000mm，首层柱净高 3000mm，嵌固部位位于基础顶，混凝土强度等级 C30，基础保护层厚度为 40mm，柱中纵筋为 ⌀22，接头百分率为 50%，工程抗震等级为二级，求基础插筋的长度。

解：查图集 22G101-1 第 59 页受拉钢筋抗震锚固长度 l_{aE}，第 62 页纵向受拉钢筋抗震搭接长度 l_{lE}。

$$l_{aE}=40d=40\times22=880(mm),l_{aE}<1000-40=960(mm),直锚$$
$$l_{lE}=56d=1232(mm)$$
$$40<5d=110(mm)$$
$$基础插筋长度=\max(6d,150)+(h_j-c)+H_n/3+l_{lE}$$
$$=150+960+1000+1232$$
$$=3342(mm)$$

2.7.2 首层及中间层柱中纵筋的计算

【案例 2】 首层层高为 5500mm,二层～四层层高均为 4200mm,顶层层高为 3600mm,梁高度为 700mm,柱截面尺寸为 500mm×500mm,混凝土强度等级 C30,柱混凝土保护层厚度为 20mm,柱中纵筋为 $\Phi22$,箍筋为 $\phi10@100/200$,接头百分率为 50%,采用电渣压力焊连接,工程抗震等级为二级,求首层、二层、三层和顶层柱中纵筋的长度及根数,顶层仅需求中柱钢筋长度。

解: 首层钢筋计算

低位纵筋长度=首层柱净高-下层伸入本层下部非连接区长度+梁高+
　　　　　　本层伸入上层下部非连接区长度
$$=首层柱净高-H_n/3+梁高+\max(H_n/6,h_c,500)$$
$$=(5500-700)-(5500-700)/3+700+\max[(4200-700)/6,500,500]$$
$$=4800-1600+700+583$$
$$=4483(mm)$$

高位纵筋长度=首层柱净高-下层伸入本层下部非连接区长度-错开长度+梁高+
　　　　　　本层伸入上层下部非连接区长度+错开长度
$$=首层柱净高-H_n/3-\max(35d,500)+梁高+\max(H_n/6,h_c,500)+$$
$$\max(35d,500)$$
$$=首层柱净高-H_n/3+梁高+\max(H_n/6,h_c,500)$$
$$=(5500-700)-(5500-700)/3+700+\max[(4200-700)/6,500,500]$$
$$=4483(mm)$$

下部加密区长度$=H_n/3$
$$=(5500-700)/3$$
$$=1600(mm)$$

上部加密区长度$=梁高+\max(H_n/6,h_c,500)$
$$=700+\max[(5500-700)/6,500,500]$$
$$=1500(mm)$$

非加密区长度$=5500-1500-1600=2400(mm)$

箍筋根数=上下加密区根数+非加密区根数
$$=\left(\frac{1600}{100}+1\right)+\left(\frac{1500}{100}+1\right)+\left(\frac{2400}{200}-1\right)$$
$$=44(根)$$

二、三层钢筋计算

低位纵筋长度＝二层柱净高－下层伸入本层下部非连接区长度＋梁高＋

　　　　　　本层伸入上层下部非连接区长度

　　　　＝二层柱净高－$\max(H_n/6,h_c,500)$＋梁高＋$\max(H_n/6,h_c,500)$

　　　　＝$(4200-700)-\max[(4200-700)/6,500,500]+700+$

　　　　$\max[(4200-700)/6,500,500]$

　　　　＝$4200(\text{mm})$

高位纵筋长度＝二层柱净高－下层伸入本层下部非连接区长度－错开长度＋梁高＋

　　　　　　本层伸入上层下部非连接区长度＋错开长度

　　　　＝二层柱净高－$\max(H_n/6,h_c,500)-\max(35d,500)$＋梁高＋

　　　　$\max(H_n/6,h_c,500)+\max(35d,500)$

　　　　＝二层柱净高－$\max(H_n/6,h_c,500)$＋梁高＋$\max(H_n/6,h_c,500)$

　　　　＝$(4200-700)-(4200-700)/3+700+\max[(4200-700)/6,500,500]$

　　　　＝$4200(\text{mm})$

下部加密区长度＝$\max(H_n/6,h_c,500)$

　　　　　　＝$\max[(4200-700)/6,500,500]$

　　　　　　＝$583(\text{mm})$

上部加密区长度＝梁板高＋$\max(H_n/6,h_c,500)$

　　　　　　＝$700+\max[(5500-700)/6,500,500]$

　　　　　　＝$1283(\text{mm})$

非加密区长度＝$4200-583-1283=2334(\text{mm})$

箍筋根数＝上、下加密区根数＋非加密区根数

　　　　＝$\left(\dfrac{583}{100}+1\right)+\left(\dfrac{1283}{100}+1\right)+\left(\dfrac{2334}{200}-1\right)$

　　　　＝$32(\text{根})$

2.7.3 顶层钢筋的计算

中柱钢筋,查 22G101-1 图集第 59 页受拉钢筋抗震锚固长度 l_{aE},得

$$l_{aE}=40d=40\times22=880\text{mm},\ l_{aE}>700\text{mm},\text{弯锚}$$

低位纵向钢筋长度＝顶层净高－下层伸入本层非连接区长度＋梁高－

　　　　　　　保护层厚度＋$12d$

　　　　　　＝$(3600-700)-\max(H_n/6,h_c,500)+700-20+12d$

　　　　　　＝$2900-\max[(3600-700)/6,500,500]+680+12\times22$

　　　　　　＝$2900-500+680+264$

　　　　　　＝$3344(\text{mm})$

高位纵向钢筋长度＝顶层净高－下层伸入本层非连接区长度－错开长度＋梁高－

　　　　　　　保护层厚度＋$12d$

　　　　　　＝$(3600-700)-\max(H_n/6,h_c,500)-\max(35d,500)+700-20+12d$

$$=2900-\max[(3600-700)/6,500,500]-770+680+12\times22$$
$$=2900-500-770+680+264$$
$$=2574(\mathrm{mm})$$

学习笔记

项目 3 梁平法识读与梁内钢筋计算

重点提示

1. 了解梁平法施工图识读的基本知识,如梁平法施工图表示方法、梁平面注写方式、梁截面注写方式、梁支座上部纵筋的长度规定等。

2. 了解框架梁的钢筋构造,包括抗震楼层框架梁纵向钢筋构造,抗震屋面框架梁纵向钢筋构造,框架梁水平、竖向加腋构造,屋面框架梁中间支座纵向钢筋构造等。

3. 掌握框架梁钢筋长度计算方法,包括上下通长筋、下部非通长筋、下部纵筋不伸入支座钢筋等。

4. 通过不同梁钢筋计算实例的讲解,把握不同情况下的具体计算方法。

在建筑工程领域,梁是支撑结构的重要组成部分,它需要用来支撑板并承受板传来的各种竖向荷载和梁的自重。梁的设计必须满足强度、刚度和稳定性等基本要求。因此,梁的几何尺寸、材料性质以及梁内钢筋的配置的准确性是至关重要的。同时,梁内钢筋的计算是梁设计者设计的关键环节之一。不同于混凝土梁的受拉承受能力与钢筋的配置有关,钢筋的主要作用是承受梁内的拉力和剪力,从而增强梁的抗弯、抗剪以及抗扭能力,提高结构的整体安全性和耐久性。梁内钢筋的尺寸、数量、布局和类型必须根据预期的荷载、梁的尺寸、混凝土和钢筋的材料性质等因素进行精确计算和设计。

3.1 梁平法识读

3.1.1 梁平法施工图的表示方法

梁的平法识读是指对梁的平面布置图纸进行准确解读和理解,以确定梁的尺寸、位置和布置要求。准确的梁平法识读对于确保梁的准确布置和连接非常重要。它为施工人员提供了清晰的指导,确保梁按照设计要求正确放置,并与其他构件进行准确的连接。在进行梁平法识读时,需要仔细阅读平面布置图纸,理解和解读图纸上的各种符号、标记和尺寸,以确保梁的施工符合设计要求和规范。梁平法施工图系在梁平面布置图中采用平面注写方式或截面注写方式。

梁平面布置图应分别按梁的不同结构层(标准层),将全部梁及与其相关联的柱、墙、板一起采用适当比例绘制。在梁平法施工图中,尚应注明各结构层的顶面标高及相应的结构层号。

对于轴线未居中的梁,应标注其偏心定位尺寸(贴柱边的梁可不注)。

3.1.2 梁平面注写方式

1. 梁平面注写概念

梁的平面注写是指在梁平面布置图上进行注记和标注,以提供梁的相关信息和要求。在梁平面布置图上,分别在不同编号的梁中各选一根梁,用在其上注写截面尺寸及配筋具体数值的方式来表达的梁平法施工图,如图3-1所示。

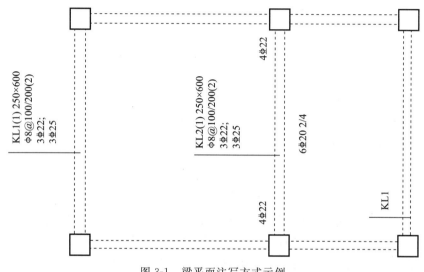

图 3-1 梁平面注写方式示例

梁平面注写方式包括集中标注与原位标注,集中标注表达梁的通用数值,原位标注表达梁的特殊数值。当集中标注中的某项数值不适用于梁的某部位时,则将该项数值原位标注,施工时,原位标注取值优先。

2. 梁集中标注

集中标注表达的梁通用数值包括梁编号、梁截面尺寸、梁箍筋、上部通长筋、梁侧面构造筋(或受扭钢筋)和标高六项,集中标注的内容前五项为必注值,后一项为选注值,集中标注示意图如图3-2所示。

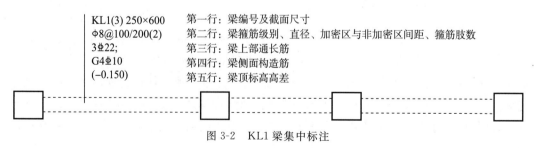

图 3-2 KL1 梁集中标注

1) 梁编号

框架梁的编号由梁的类型、代号、序号、跨数及是否带有悬挑几项组成。梁的类型与相应的编号如表3-1所示,该项为必注值。

表 3-1　梁编号

梁类型	代号	序号	跨数及是否带有悬挑
楼层框架梁	KL	××	(××)、(××A)或(××B)
楼层框架扁梁	KBL	××	(××)、(××A)或(××B)
屋面框架梁	WKL	××	(××)、(××A)或(××B)
框支梁	KZL	××	(××)、(××A)或(××B)
托柱转化梁	TZL	××	(××)、(××A)或(××B)
非框架梁	L	××	(××)、(××A)或(××B)
悬挑梁	XL	××	(××)、(××A)或(××B)
井字梁	JZL	××	(××)、(××A)或(××B)

　　表格中(××A)为一端有悬挑,(××B)为两端有悬挑,悬挑不计入跨数。楼层框架扁梁节点核心区代号为 KBH。图集中非框架梁 L、井字梁 JZL 表示端支座为铰接;当非框架梁 L、井字梁 JZL 端支座上部纵筋为充分利用钢筋的抗拉强度时,在梁代号后加"g"。

　　图 3-3 中,KL2(2A)表示 2 号框架梁,2 跨,一段悬挑;KL3(1)表示 3 号框架梁,1 跨,没有悬挑。

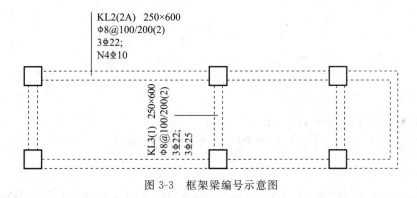

KL2(2A)　250×600
Φ8@100/200(2)
3⊈22;
N4⊈10

KL3(1)　250×600
Φ8@100/200(2)
3⊈22;
3⊈25

图 3-3　框架梁编号示意图

2) 梁截面尺寸

该项为必注值,截面尺寸的标注方法如下。

(1) 当为等截面梁时,用 $b \times h$ 表示,图 3-3 中,3 号框架梁表示梁宽 250mm,梁高 600mm。

(2) 当为竖向加腋梁时,用 $b \times h$ Y$c_1 \times c_2$ 表示,其中 c_1 表示腋长,c_2 表示腋高,如图 3-4 所示,竖向加腋梁,梁宽 300mm,梁高 700mm,腋长 500mm,腋宽 200mm。

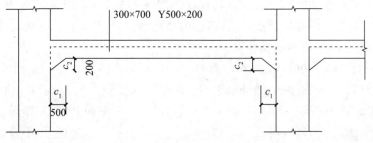

300×700　Y500×200

c_2　200

c_2

c_1　500

c_1

图 3-4　竖向加腋梁标注

（3）当为水平加腋梁时，用 $b×h$ PY$c_1×c_2$ 表示，其中 c_1 表示腋长，c_2 表示腋宽，加腋部位应在平面图中绘制，如图 3-5 所示，水平加腋梁，梁宽 300mm，梁高 700mm，腋长 500mm，腋宽 200mm。

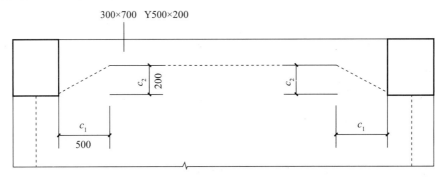

图 3-5　水平加腋梁截面注写示意图

（4）当有悬挑梁且根部和端部的高度不同时，用斜线分隔根部与端部的高度值，即为 $b×h_1/h_2$，其中 h_1 为梁根部高度值，h_2 为梁端部高度值，如图 3-6 所示，表示悬挑梁根部高度 700mm，端部高度 500mm。

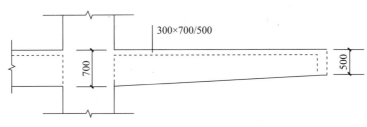

图 3-6　悬挑梁不等高截面注写示意图

3）梁箍筋

梁箍筋注写包括钢筋级别、直径、加密区与非加密区间距及肢数，该项为必注值。箍筋加密区与非加密区的不同间距及肢数需用斜线"/"分隔；当梁箍筋为同一种间距及肢数时，则不需用斜线；当加密区与非加密区的箍筋肢数相同时，则将肢数注写一次；箍筋肢数应写在括号内。加密区范围见相应抗震等级的标准构造详图。

如图 3-7 所示，φ6@100/200(2)表示箍筋直径为 6mm 的 HPB300 钢筋，加密区间距为 100mm，非加密区间距为 200mm，双肢箍。

非框架梁、悬挑梁、井字梁采用不同的箍筋间距及肢数时，也用斜线"/"将其分隔开来。注写时，先注写梁支座端部的箍筋（包括箍筋的箍数、钢筋种类、直径、间距与肢数），在斜线后注写梁跨中部分的箍筋间距及肢数。

例如 13φ10@150/200(4)，表示箍筋为 HPB300 钢筋，直径为 10mm；梁的两端各有 13 个四肢箍，间距为 150mm；梁跨中部分间距为 200mm，四肢箍。18φ12@150(4)/200(2)，表示箍筋为 HPB300 钢筋，直径为 12mm；梁的两端各有 18 个四肢箍，间距为 150mm；梁跨中部分，间距为 200mm，两肢箍。

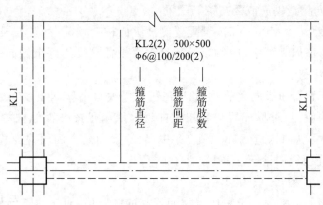

图 3-7　梁箍筋图

4）梁上部通长筋或架立筋

通长筋可为相同或不同直径采用搭接连接、机械连接或焊接的钢筋,该项为必注值。所注规格与根数应根据结构受力要求及箍筋肢数等构造要求而定。当同排纵筋中既有通长筋又有架立筋时,应用加号"＋"将通长筋和架立筋相连。注写时需将角部纵筋写在加号的前面,架立筋写在加号后面的括号内,以示不同直径及与通长筋的区别。当全部采用架立筋时,则将其写入括号内。

当梁的上部纵向钢筋和下部纵向钢筋为全跨相同,且多数跨配筋相同时,此项可加注下部纵筋的配筋值,用分号";"将上部与下部纵筋的配筋值分隔开来。

图 3-8 中,1 号框架梁的上部通长筋为 2 根直径 22mm 的 HRB400 钢筋,下部通长筋为 3 根直径 25mm 的 HRB400 钢筋。2 号框架梁的上部钢筋为 2 根直径 14mm 的 HRB400 钢筋,2 根直径 12mm 的 HPB300 钢筋为架立筋。

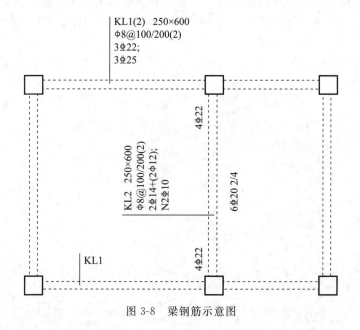

图 3-8　梁钢筋示意图

　　5）梁侧面纵向构造钢筋或受扭钢筋配置

　　当梁腹板高度 $h_w \geqslant 450\mathrm{mm}$ 时，梁配置侧面纵向构造钢筋，所注规格与根数应符合规范规定。此项注写值以大写字母 G 打头，接续注写设置在梁的两个侧面的总配筋值，且对称配置，此项为必注值。

　　当梁侧面需配置受扭纵向钢筋时，此项注写值以大写字母 N 打头，接续注写配置在梁两个侧面的总配筋值，且对称配置。受扭纵向钢筋应满足梁侧面纵向构造钢筋的间距要求，且不再重复配置纵向构造钢筋。图 3-8 中，表示梁的两个侧面共配置 2 根直径 10mm 的 HRB400 钢筋受扭纵向钢筋，每侧各配置 1 根。

　　6）梁顶面标高高差，该项为选注值

　　梁顶面标高高差是指相对于结构层楼面标高的高差值，对于位于结构夹层的梁，则指相对于结构夹层楼面标高的高差。有高差时，需将其写入括号内，无高差时不注。

　　当某梁的顶面高于所在结构层的楼面标高时，其标高高差为正值，反之为负值。图 3-9 中 3 号框架梁（−1.77）是指梁顶面低于该梁所在结构楼层标高 1.77m。

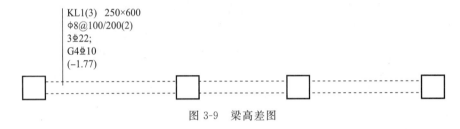

图 3-9　梁高差图

　　3.梁原位标注

　　1）梁支座上部纵筋，该部位含通长筋在内的所有纵筋

　　（1）当上部纵筋多于一排时，用斜线"／"将各排纵筋自上而下分开。

　　图 3-10 中，梁支座上部纵筋标注为 6$\underline{\Phi}$25 4/2，则表示上一排纵筋为 4$\underline{\Phi}$25，下一排纵筋为 2$\underline{\Phi}$25。

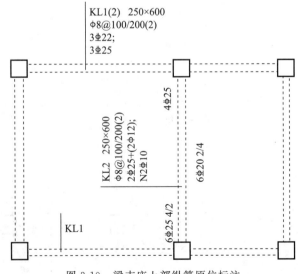

图 3-10　梁支座上部纵筋原位标注

（2）当同排纵筋有两种直径时，用加号"＋"将两种直径的纵筋相连，注写时将角部纵筋写在前面。

图 3-11 中，梁右部支座钢筋 2Φ22＋2Φ20，表示上部通长筋为 2Φ22,2Φ20 放在角部。

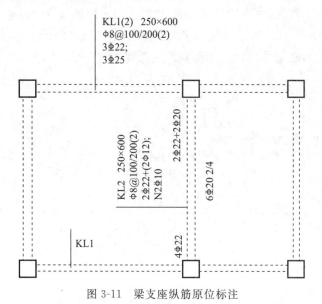

图 3-11 梁支座纵筋原位标注

（3）当梁中间支座两边的上部纵筋不同时，需在支座两边分别标注，当梁中间支座两边的上部纵筋相同时，可仅在支座的一边标注配筋值，另一边省去不注。

（4）对于端部带悬挑的梁，其上部纵筋注写在悬挑梁根部。

设计时应注意以下问题。

（1）对于支座两边不同配筋值的上部纵筋，宜尽可能选用相同直径（不同根数），使尽量多的钢筋能够贯穿支座，避免支座两边不同直径的上部纵筋均在支座内锚固。

（2）对于以边柱、角柱为端支座的屋面框架梁，当配筋截面面积能够满足结构计算要求时，其梁的上部钢筋应尽可能只配置一层，以避免梁柱纵筋在柱顶处因层数过多、钢筋过密导致不方便施工和影响混凝土浇筑质量。

2）梁下部纵筋

（1）当下部纵筋多于一排时，用斜线"/"将各排纵筋自上而下分开。

例如梁下部纵筋注写为 6Φ25 2/4，则表示上排纵筋为 2Φ25，下排纵筋为 4Φ25，全部伸入支座。

（2）当同排纵筋有两种直径时，用加号"＋"将两种直径的纵筋相连，注写时角筋写在前面。

（3）当梁下部纵筋不全部伸入支座时，将不伸入梁支座的下部纵筋数量写在括号内。

例如梁下部纵筋注写为 6Φ25 2(−2)/4，则表示上排纵筋为 2Φ25，且不伸入支座；下排纵筋为 4Φ25，全部伸入支座。

例如梁下部纵筋注写为 2Φ25＋3Φ22(−3)/5Φ25，表示上排纵筋为 2Φ25 和 3Φ22，其中 3Φ22 不伸入支座；下排纵筋为 5Φ25；全部伸入支座。

(4) 当梁的集中标注中已按本规则第(3)条第(4)款的规定分别注写了梁上部和下部均为通长的纵筋值时,则不需在梁下部重复做原位标注。

(5) 当梁设置竖向加腋时,加腋部位下部斜向纵筋应在支座下部以 Y 打头注写在括号内(图 3-12),22G101 图集中框架梁竖向加腋构造适用于加腋部位参与框架梁计算,其他情况设计者应另行给出构造。当梁设置水平加腋时,水平加腋内上、下部斜纵筋应在加腋支座上部以 Y 打头注写在括号内,上、下部斜纵筋之间用"/"分隔(图 3-13)。

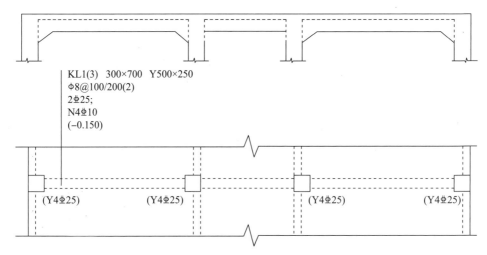

图 3-12 梁竖向加腋平面注写方式表达实例

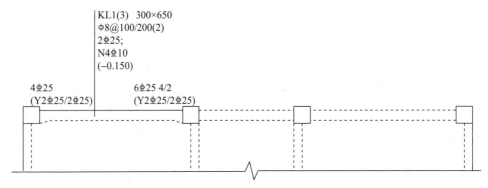

图 3-13 梁水平加腋平面注写方式表达实例

3) 梁集中标注不适用部分跨

当在梁上集中标注的内容(即梁截面尺寸、箍筋、上部通长筋或架立筋,梁侧面纵向构造钢筋或受扭纵向钢筋及梁顶面标高高差中的某一项或几项数值)不适用于某跨或某悬挑部分时,则将其不同数值原位标注在该跨或该悬挑部位,施工时应按原位标注数值取用。图 3-14 中 KL1 集中标注中梁宽 250mm,梁高 600mm,第三跨原位标注是宽 250mm,梁高750mm,下部钢筋是:上排 2⽤25,下排 3⽤25。

当在多跨梁的集中标注中已注明加腋,而该梁某跨的根部却不需要加腋时,则应在该跨原位标注等截面的 $b \times h$,以修正集中标注中的加腋信息,如图 3-15 所示。

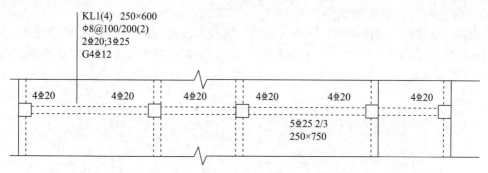

图 3-14 梁集中标注不适用部分跨示例

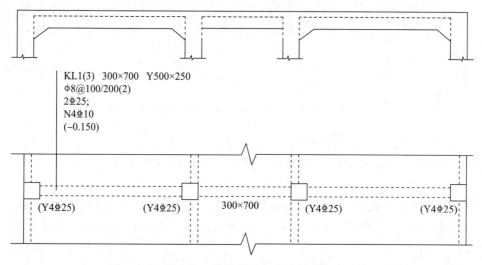

图 3-15 某跨不需加腋示意图

4）附加箍筋或吊筋

将附加箍筋或吊筋直接画在平面布置图中的主梁上，用线引注总配筋值。对于附加箍筋，设计尚应注明附加箍筋的肢数，箍筋肢数注在括号内。当多数附加箍筋或吊筋相同时，可在梁平法施工图上统一注明，少数与统一注明值不同时，再原位引注。设计、施工时应注意：附加箍筋或吊筋的几何尺寸应按照标准构造详图，结合其所在位置的主梁和次梁的截面尺寸而定。图 3-16 中表示，第一跨主次梁相交处设置 2±18 吊筋，第三跨主次梁相交处设置 6 道 Φ8，间距 50mm 附件箍筋，每边 3 道。

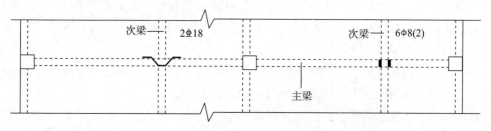

图 3-16 附加箍筋和吊筋的画法示例

5）代号为 L 的非框架梁

当某一端支座上部纵筋为充分利用钢筋的抗拉强度时；对于一端与框架柱相连、另一端与梁相连的梁（代号为 KL），当其与梁相连的支座上部纵筋为充分利用钢筋的抗拉强度时，在梁平面布置图上原位标注，以符号"g"表示，如图 3-17 所示。

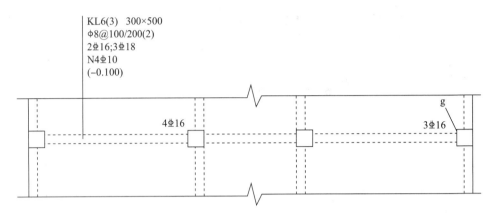

KL6(3) 300×500
Φ8@100/200(2)
2Φ16;3Φ18
N4Φ10
(−0.100)

4Φ16

g
3Φ16

图 3-17　梁一端采用充分利用钢筋抗拉强度方式的注写示意

6）局部带屋面的楼层框架梁

对于局部带屋面的楼层框架梁（代号为 KL），屋面部位梁跨原位标 WKL。

4. 框架扁梁注写

扁梁规则同框架梁，对于上部纵筋和下部纵筋，尚需注明未穿过柱截面的梁纵向受力钢筋的根数，如图 3-18 所示，10Φ25(4) 表示框架扁梁有 4 根纵向受力钢筋未穿过柱截面，柱两侧各 2 根。

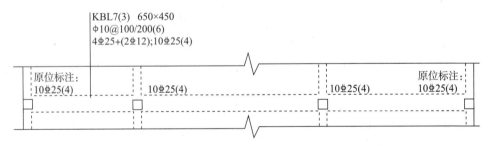

KBL7(3) 650×450
Φ10@100/200(6)
4Φ25+(2Φ12);10Φ25(4)

原位标注：
10Φ25(4)

10Φ25(4)

10Φ25(4)

原位标注：
10Φ25(4)

图 3-18　框架扁梁平面注写方式示例

框架扁梁节点核心区代号为 KBH，包括柱内核心区和柱外核心区两部分。框架扁梁节点核心区钢筋注写包括柱外核心区竖向拉筋及节点核心区附加抗剪纵向钢筋，端支座节点核心区尚需注写附加 U 形箍筋。

柱内核心区箍筋见框架柱箍筋。柱外核心区竖向拉筋注写其钢筋种类与直径；端支座柱外核心区尚需注写附加 U 形箍筋的钢筋种类、直径及根数。

框架扁梁节点核心区附加抗剪纵向钢筋，以大写字母"F"打头，大写字母"X"或"Y"注写其设置方向 X 向或 Y 向、层数、每层钢筋根数、钢筋种类、直径及未穿过柱截面的纵向受力钢筋根数。

例如 KBH1 φ10,F X&Y 2×7⊈14(4),表示框架扁梁中间支座节点核心区:柱外核心区竖向拉筋 φ10;沿梁 x 向(y 向)配置两层 7⊈14 附加抗剪纵向钢筋,每层有 4 根附加抗剪纵向钢筋未穿过柱截面,柱两侧各 2 根;附加抗剪纵向钢筋沿梁高度范围均匀布置。见图 3-19(a)。

例如 KBH2 φ10,4φ10,F X 2×7⊈14(4),表示框架扁梁端支座节点核心区:柱外核心区竖向拉筋 φ10;附加 U 形箍筋共 4 道,柱两侧各 2 道;沿框架扁梁 x 向配置两层 7⊈14 附加抗剪纵向钢筋,每层有 4 根附加抗剪纵向钢筋未穿过柱截面,柱两侧各 2 根;附加抗剪纵向钢筋沿梁高度范围均匀布置。见图 3-19(b)。

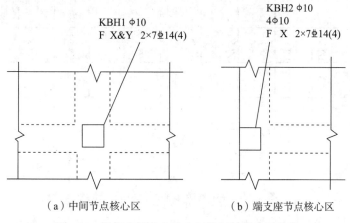

（a）中间节点核心区　　　　　（b）端支座节点核心区

图 3-19　框架扁梁节点核心区附加钢筋注写示意

设计、施工时应注意以下问题。

(1) 柱外核心区竖向拉筋在梁纵向钢筋两向交叉位置均布置,当布置方式与图集要求不一致时,设计应另行绘制详图。

(2) 框架扁梁端支座节点,柱外核心区设置 U 形箍筋及竖向拉筋时,在 U 形箍筋与位于柱外的梁纵向钢筋交叉位置均布置竖向拉筋。当布置方式与图集要求不一致时,设计应另行绘制详图。

(3) 附加抗剪纵向钢筋应与竖向拉筋相互绑扎。

5. 井字梁注写

井字梁通常由非框架梁构成,并以框架梁为支座(特殊情况下以专门设置的非框架大梁为支座)。在此情况下,为明确区分井字梁与作为井字梁支座的梁,井字梁用单粗虚线表示(当井字梁顶面高出板面时可用单粗实线表示),作为井字梁支座的梁用双细虚线表示(当梁顶面高出板面时可用细实线表示)。

22G101 图集所规定的井字梁是指在同一矩形平面内相互正交所组成的结构构件,井字梁所分布范围称为"矩形平面网格区域"(简称"网格区域")。当在结构平面布置中仅有由四根框架梁框起的一片网格区域时,所有在该区域相互正交的井字梁均为单跨;当有多片网格区域相连时,贯通多片网格区域的井字梁为多跨,且相邻两片网格区域分界处即为该井字梁的中间支座。对某根井字梁编号时,其跨数为其总支座数减 1;在该梁的任意两个支座之间,无论有几根同类梁与其相交,均不作为支座(图 3-20)。

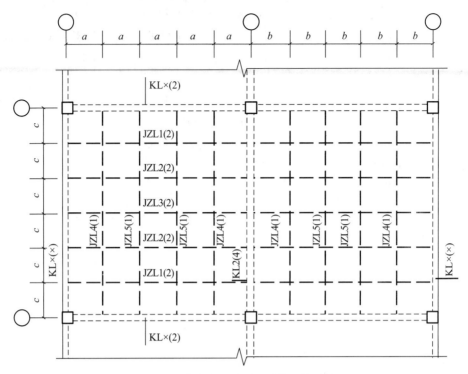

图 3-20 井字梁矩形平面网格区域示意

井字梁的端部支座和中间支座上部纵筋的伸出长度 a_0 值,应由设计者在原位加注具体数值予以注明。

当采用平面注写方式时,则在原位标注的支座上部纵筋后面括号内加注具体伸出长度值。

例如贯通两片网格区域采用平面注写方式的某井字梁,其中间支座上部纵筋注写为 $6\Phi25$ 4/2(3200/2400),表示该位置上部纵筋设置两排,上一排纵筋为 $4\Phi25$,自支座边缘向跨内伸出长度 3200mm;下一排纵筋为 $2\Phi25$,自支座边缘向跨内伸出长度为 2400mm。

当为截面注写方式时,则在梁端截面配筋图上注写的上部纵筋后面括号内加注具体伸出长度值(图 3-21)。

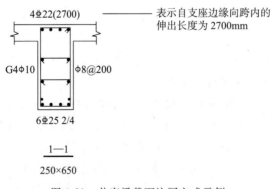

图 3-21 井字梁截面注写方式示例

设计时应注意以下问题。

（1）当井字梁连续设置在两片或多片网格区域时，才具有上面提及的井字梁中间支座。

（2）当某根井字梁端支座与其所在网格区域之外的非框架梁相连时，该位置上部钢筋的连续布置方式需由设计者注明。

在梁平法施工图中，当局部梁的布置过密时，可将过密区用虚线框出，适当放大比例后再用平面注写方式表示。

3.1.3　梁的截面注写方式

1. 概念

截面注写方式是指在分标准层绘制的梁平面布置图上，分别在不同编号的梁中各选择一根梁用剖面号引出配筋图，并在其上注写截面尺寸和配筋具体数值的方式来表达梁平法施工图。

2. 注写方式

（1）对所有梁按平面注写的规定进行编号，从相同编号的梁中选择一根梁，用剖面号引出截面位置，再将截面配筋详图画在本图或其他图上。当某梁的顶面标高与结构层的楼面标高不同时，尚应继其梁编号后注写梁顶面标高高差（注写规定与平面注写方式相同）。

（2）在截面配筋详图上注写截面尺寸 $b \times h$、上部筋、下部筋、侧面构造筋或受扭筋以及箍筋的具体数值时，其表达形式与平面注写方式相同。

（3）对于框架扁梁，尚需在截面详图上注写未穿过柱截面的纵向受力筋根数。对于框架扁梁节点核心区附加钢筋，需采用平、剖面图表达节点核心区附加抗剪纵向钢筋、柱外核心区全部竖向拉筋以及端支座附加 U 形箍筋，注写其具体数值。

（4）截面注写方式既可以单独使用，也可以与平面注写方式结合使用。注：在梁平法施工图的平面图中，当局部区域的梁布置过密时，除了采用截面注写方式表达外，也可以采用平面注写方式来表达。当表达异形截面梁的尺寸与配筋时，用截面注写方式相对比较方便。

3.1.4　梁支座上部纵向钢筋的长度规定

（1）为方便施工，凡框架梁的所有支座和非框架梁（不包括井字梁）的中间支座上部纵向钢筋的伸出长度 a_0 值在标准构造详图中统一取值为：第一排非通长筋及与跨中直径不同的通长筋从柱（梁）边起伸出至 $l_n/3$ 位置；第二排非通长筋伸出至 $l_n/4$ 位置。l_n 的取值规定为：对于端支座，l_n 为本跨的净跨值；对于中间支座，l_n 为支座两边较大一跨的净跨值。

（2）悬挑梁（包括其他类型梁的悬挑部分）上部第一排纵向钢筋伸出至梁端头并下弯，第二排伸出至 $3L/4$ 位置，L 为自柱（梁）边算起的悬挑净长。当具体工程需要将悬挑梁中的部分上部钢筋从悬挑梁根部开始斜向弯下时，应由设计者另加注明。

3.1.5 不伸入支座的梁下部纵向钢筋长度规定

（1）当梁（不包括框支梁）下部纵向钢筋不全部伸入支座时，不伸入支座的梁下部纵向钢筋截断点距支座边的距离，在标准构造详图中统一取为 $0.1l_n$（l_n 为本跨梁的净跨值）。

（2）当按上述（1）规定，确定不伸入支座的梁下部纵向钢筋的截断点位置及数量时，应符合现行国家标准《混凝土结构设计规范》（GB 50010—2010）（2015 年版）的有关规定。

3.2 梁钢筋相关构造

3.2.1 框架梁上部、下部纵筋

对于钢筋混凝土梁的上部，纵筋是指沿着梁的长度方向延伸的钢筋，用于承受梁的纵向拉力和压力。纵筋通常是沿着梁的跨度方向布置，并且在梁的整个长度上连续延伸，以提高梁的承载能力和抗弯强度。

在钢筋混凝土梁的下部，通常不设置纵向主筋。如之前提到的，钢筋混凝土梁的主要纵向主筋通常位于梁的上部，用于抵抗梁的纵向拉力和压力。而在梁的下部，则通常会设置横向钢筋（箍筋或横筋）来控制混凝土的剪切破坏。

1. 端支座锚固形式

框架梁上部与下部纵筋在端支座的锚固形式可分为以下三种。

1）端支座直锚

当支座宽度 $h_c-c \geqslant l_{aE}$ 时，采用直锚形式。如图 3-22 所示，梁上部或下部钢筋伸入柱内的长度为 $0.5h_c+5d$ 与 l_{aE} 的较大值。

2）端支座弯锚

当支座宽度 $h_c-c < l_{aE}$ 时，采用弯锚形式。如图 3-23 所示，梁上部或下部钢筋伸入柱外侧纵筋内侧且 $\geqslant 0.4l_{abE}$，上部钢筋向下弯折 $90°$，下部钢筋向上弯折 $90°$。

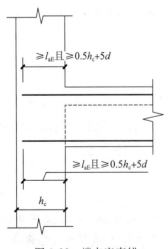

图 3-22 端支座直锚

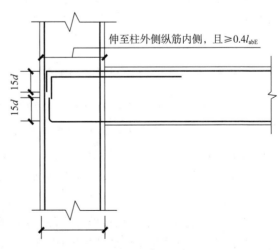

图 3-23 端支座弯锚

3) 端支座加锚头(锚板)锚固

当支座宽度 $h_c-c<l_{aE}$ 时,采用加锚头形式。如图 3-24 所示,梁上部或下部钢筋伸入柱外侧纵筋内侧且 $\geq 0.4l_{abE}$。

2. 下部钢筋中间支座构造

框架梁下部钢筋宜贯穿节点或支座,可延伸至相邻箍筋加密区以外进行连接,当不能贯穿时按以下方式处理。

(1) 当支座宽度 $h_c-c\geq l_{aE}$ 时,钢筋在支座范围内直锚,伸入支座的长度为 $\max(l_{aE}, 0.5h_c+5d)$。

(2) 当支座两边梁宽不同或错开布置时,将无法直通的纵筋弯锚入柱内;当支座两边纵筋根数不同时,可将多出的纵筋弯锚入柱内,如图 3-25 所示,纵筋伸入柱对面外侧纵筋内侧,且 $\geq 0.4l_{abE}$,向上或向下弯折 $15d$。

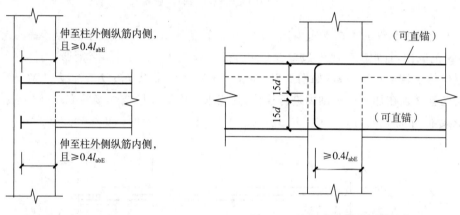

图 3-24　端支座加锚头　　　　图 3-25　中间支座纵向钢筋构造 1

(3) 当支座两侧框架梁上部、底部均不在同一标高时,如图 3-26 所示,梁内钢筋能通则通,采用直锚形式,伸入支座的长度 $\max(l_{aE}, 0.5h_c+5d)$,不能直通时,伸入对面柱对面外侧纵筋内侧,且 $\geq 0.4l_{abE}$,向上或向下弯折 $15d$。其中,当 $\Delta h/(h_c-50)\leq 1/6$ 时,纵筋可向下弯折连续布置,如图 3-27 所示。

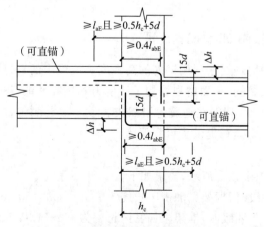

图 3-26　中间支座纵向钢筋构造 2

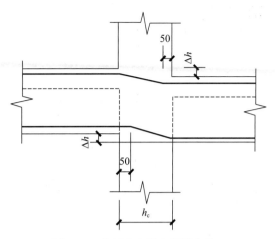

图 3-27 中间支座纵向钢筋构造 3

（4）当梁下部纵筋不在支座内连接时，可在节点外搭接，连接位置宜位于靠近支座侧 1/3 净跨范围内，且距离支座外边缘≥1.5h_0，搭接长度为 l_{lE}。相邻跨钢筋直径不同时，搭接位置应位于较小直径一跨，如图 3-28 所示。如果框架梁纵向受力钢筋无法避开梁端箍筋加密区且必须在加密区范围内进行连接，则应采用机械连接或焊接的方式进行连接。对于非框架梁，上部钢筋宜在跨中 1/3 处连接，下部钢筋宜在跨两侧 1/4 处连接。

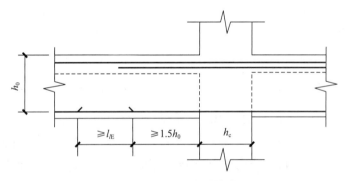

图 3-28 中间节点外搭接

3.2.2 框架梁箍筋、附加箍筋、吊筋

框架梁箍筋构造的原理在于利用钢筋的高强度和混凝土的良好耐久性，通过将钢筋绑扎于梁体外部形成框架结构，从而增强梁的承载能力和抗震性能。这一构造方式不仅有效地提高了结构的整体强度，还能在地震等自然灾害发生时起到关键的保护作用，为建筑和桥梁在极端环境下的安全运行提供了可靠保障。

1. 框架梁箍筋构造

框架梁箍筋构造如图 3-29 所示，要求如下。

（1）抗震等级为一级时，框架梁加密区长度为 $\max(2.0h_b,500\mathrm{mm})$。

（2）抗震等级为二～四级时，框架梁加密区长度为 $\max(1.5h_b,500\mathrm{mm})$。

（3）框架梁第一道箍筋距支座边 50mm 处开始设置，梁柱节点内不设箍筋。

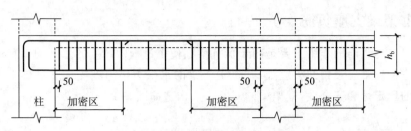

图 3-29 框架梁箍筋加密区范围

2. 附加箍筋、吊筋

附加箍筋和吊筋可以有效地增加构件的抗震性能。在地震或其他水平荷载作用下,附加箍筋能够将构件表面的混凝土包裹紧密,防止混凝土的剥落和破坏,从而提高构件的整体抗震承载能力。

附加箍筋的布置范围 $s=3b+2h_1$,第一根附加箍筋距次梁边缘 50mm,如图 3-30 所示。

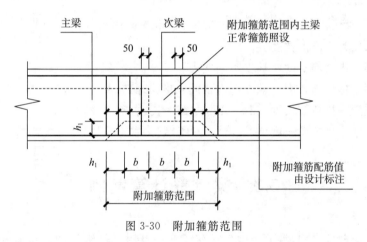

图 3-30 附加箍筋范围

当主梁高度≤800mm 时,吊筋的弯起角度为 45°,当主梁高度>800mm 时,弯起角度为 60°,吊筋的下端水平段需伸至梁底纵筋处,长度=次梁宽+50×2,弯起段伸至次梁上边缘,上端水平段为 20d,如图 3-31 所示。

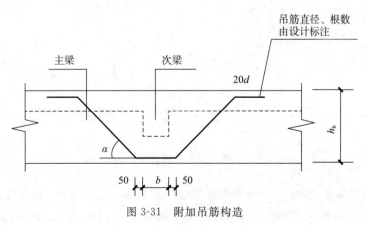

图 3-31 附加吊筋构造

3.2.3 框架梁支座负筋

框架梁支座负筋的作用主要是用于抵抗梁在使用过程中产生的水平力,也称为剪力或横向力。它们通常位于梁的支座处,并负责将梁的水平力传递到支座和基础上,从而确保整个结构的稳定性和安全性,框架梁的支座负筋构造如图 3-32 所示。

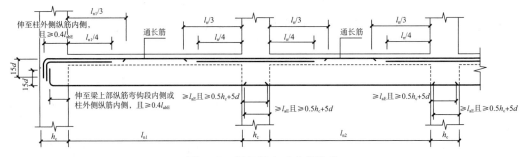

图 3-32 框架梁支座负筋构造

图 3-32 中,跨度值 l_n 为相邻两跨的较大值,端支座内负筋的长度即为锚固长度,中间支座内负筋长度为支座的宽度。

端支座第一排负筋长度=端支座内锚固长度+净跨/3。

端支座第二排负筋长度=端支座内锚固长度+净跨/4。

中间支座第一排负筋长度=2×max(左跨净长,右跨净长)/3+支座宽。

中间支座第二排负筋长度=2×max(左跨净长,右跨净长)/4+支座宽。

3.3 梁钢筋计算案例

【案例】 某框架结构,混凝土强度等级 C30,一级抗震,纵筋的连接方式为焊接,钢筋定尺长度 9000mm,环境类别一类,混凝土保护层 20mm,识读图 3-33 中 1 号框架梁,并计算相关钢筋长度。

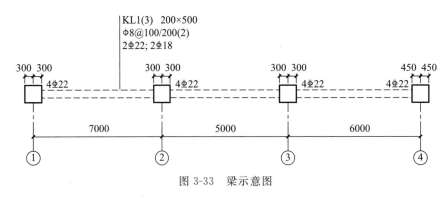

图 3-33 梁示意图

解:1 号框架梁识读:梁宽 200mm,梁高 500mm,3 跨,箍筋为 φ8,加密区间距 100mm,非加密区间距 200mm,双肢箍,上部通长筋为 2 根 Φ22,下部纵筋是 2 根 Φ18。

(1) 梁上部通长筋

$l_{aE} = 40d = 400 \times 22 = 880(mm)$

左支座：$h_c - c = 600 - 20 = 580(mm) < l_{aE}$，弯锚

右支座：$h_c - c = 900 - 20 = 880(mm) \geqslant l_{aE}$，直锚

梁上部通长筋构造为左边弯锚，右边直锚，如图3-34所示。

图3-34 梁上部通长筋示意图

上部通长筋长度＝左支座长度＋净跨＋右支座长度

$\quad\quad = (7000 + 5000 + 6000 - 300 - 450) + (580 + 15d) + \max(l_{aE}, 0.5h_c + 5d)$

$\quad\quad = 17250 + 910 + 880$

$\quad\quad = 19040(mm)$

接头个数 $= \dfrac{19040}{9000} - 1 = 2(个)$

(2) 梁下部通长筋

$l_{aE} = 40d = 400 \times 18 = 720(mm)$

左支座：$h_c - c = 600 - 20 = 580(mm) < l_{aE}$，弯锚

右支座：$h_c - c = 900 - 20 = 880(mm) \geqslant l_{aE}$，直锚

梁下部通长筋构造为左边弯锚，右边直锚，如图3-35所示。

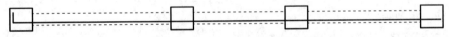

图3-35 梁下部通长筋示意图

下部通长筋长度＝左支座长度＋净跨＋右支座长度

$\quad\quad = (7000 + 5000 + 6000 - 300 - 450) + (580 + 15d) + \max(l_{aE}, 0.5h_c + 5d)$

$\quad\quad = 17250 + 850 + 720$

$\quad\quad = 18820(mm)$

接头个数 $= \dfrac{18820}{9000} - 1 = 2(个)$

(3) 梁支座负筋

由上可知梁支座负筋构造如图3-36所示。

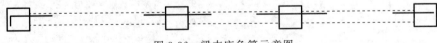

图3-36 梁支座负筋示意图

①号轴线支座负筋长度 $= 600 - 20 + 15d + \dfrac{7000 - 600}{3}$

$\quad\quad = 3043(mm)$

②号轴线支座负筋长度＝$600+\max\dfrac{(7000-600),(5000-600)}{3}$

　　　　　　　　　　＝4866（mm）

③号轴线支座负筋长度＝$600+\max\dfrac{(6000-750),(5000-600)}{3}$

　　　　　　　　　　＝4100（mm）

④号轴线支座负筋长度＝$\max(l_{aE},0.5h_c+5d)+\dfrac{6000-750}{3}$

　　　　　　　　　　＝2630（mm）

（4）梁箍筋

长度＝$[(500-40)+(200-40)]\times2+11.9\times8\times2=1430$（mm）

第一跨：箍筋加密区长度＝$\max(2.0h_b,500mm)=1000$（mm）

箍筋非加密区长度＝$7000-600-2000=4400$（mm）

箍筋加密区根数＝$[(1000-50)/100+1]\times2=22$（根）

箍筋非加密区根数＝$\dfrac{4400}{200}-1=21$（根）

箍筋总根数＝$22+21=43$（根）

第二跨：加密区箍筋根数同第一跨

箍筋非加密区长度＝$5000-600-2000=2400$（mm）

箍筋非加密区根数＝$\dfrac{2400}{200}-1=11$（根）

箍筋总根数＝$22+11=33$（根）

第三跨：加密区箍筋根数同第一跨

箍筋非加密区长度＝$6000-600-2000=3400$（mm）

箍筋非加密区根数＝$\dfrac{3400}{200}-1=16$（根）

箍筋总根数＝$22+16=38$（根）

学习笔记

项目 4　板平法识读与板内钢筋计算

重点提示

1. 了解板的分类及平法施工图识读的基本知识，如板平法施工图表示方法、板集中标注、板支座原位标注等。

2. 了解板构件钢筋分类及构造，如有梁楼盖板和屋面板钢筋构造、板在端部支座的锚固构造、悬挑板钢筋构造等。

3. 掌握板钢筋相关计算方法，包括下部纵筋长度和根数、上部贯通筋长度及根数、支座负筋长度及根数等。

4. 掌握下部纵筋长度根数、支座负筋分布筋计算等。

在房屋建筑结构中，平面尺寸较大而厚度较小的构件称为板。

板通常是水平设置，但有时也有倾斜设置，如楼梯板、坡屋面板等。板主要承受垂直于板面的各种荷载，属于以受弯为主的构件。板是房屋建筑中极为重要的构件，与框架梁、框架柱一起共同形成空间骨架作用。板在房屋建筑中的用量也很大，如屋面板、楼面板、楼梯板、阳台板等。

4.1　板 的 分 类

现浇钢筋混凝土楼板是目前房屋建筑中应用最广泛、最典型的一种受弯构件，按其受力和传力情况的不同，分板式楼板、有梁楼盖板和无梁楼盖板。

4.1.1　板式楼板

将楼板现浇成一块平板，四周直接支承在墙上，这种楼板称为板式楼板。板式楼板按受力点分为单向板和双向板。当板的长边与短边之比大于 2 时，板上的荷载基本上沿短边传递，这种板称为单向板。当板的长边与短边之比小于或等于 2 时，板上的荷载将沿两个方向传递，这种板称为双向板，如图 4-1 所示。

板式楼板的传力路径为荷载→板→墙→基础。

4.1.2　有梁楼盖板

由板、梁组合而成的楼板称为有梁楼盖板。梁楼盖板适用于各种不同类型的建筑，尤其在多层建筑和高层建筑中得到广泛应用。它们提供了稳固的楼层结构，使得建筑更加稳定和安全。根据具体的工程要求和设计，可以选择不同形式的梁楼盖板结构，以满足建筑

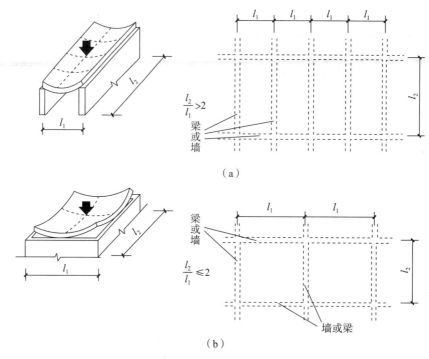

图 4-1 单向板和双向板

的需要。根据梁的构造情况可分为单梁式、复梁式和井梁式楼板。

1. 单梁式楼板

两部当房间尺寸不大时,可以只在一个方向设梁,梁直接支承在墙上,称为单梁式楼板,如图 4-2 所示,这种楼板适用于民用建筑中的教学楼、办公楼等。

单梁式楼板的传力路径为荷载→板→梁→墙→基础。

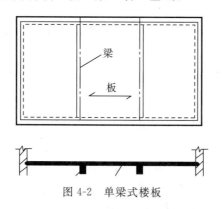

图 4-2 单梁式楼板

2. 复梁式楼板

当房间平面尺寸任何一个方向均大于 6m 时,则应在两个方向设置梁,有时还应设柱子。其中一向为主梁,另一向为次梁。主梁一般沿房间的短跨方向布置,由墙或柱支承,次梁垂直于主梁布置,由主梁支承,板支承于次梁上,如图 4-3 所示。

复梁式楼板的传力路径为荷载→板→次梁→主梁→柱(墙)→基础。

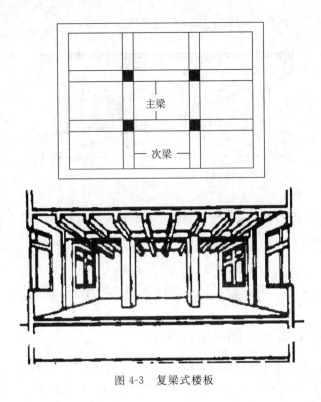

图 4-3　复梁式楼板

3. 井梁式楼板

井梁式楼板是一种特殊的双梁式楼板,梁无主次之分,通常采用正交正放和正交斜放的布置形式。当房间尺寸较大,并接近正方形时,常沿两个方向布置等距离、等截面的梁,从而形成井格式的梁板结构。这种结构无主次之分,中部不设柱子,常用于跨度为 10m 左右,长短边之比小于 1.5 的形状近似方形的公共建筑的门厅、大厅等处,如图 4-4 所示。

井梁式楼板的传力路径与复梁式楼板的传力路径相同。

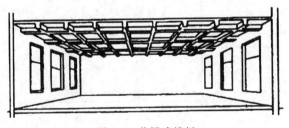

图 4-4　井梁式楼板

4.1.3　无梁楼盖板

框架结构中将板直接支承在柱上,且不设梁的楼板称为无梁楼板,无梁楼板分为有柱帽和无柱帽两种。当楼面荷载较小时,可采用无柱帽式的无梁楼板;当荷载较大时,为提高楼板的承载能力及其刚度,会增加柱对板的支托面积并减小板跨,一般在柱顶加设柱帽或者托板,如图 4-5 所示。无梁楼板的柱网一般布置为方形或矩形。

无梁楼盖板的传力路径为荷载→板→柱帽→柱→基础。

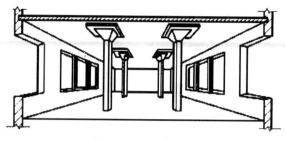

图 4-5　无梁楼盖板

因现在大部分建筑结构形式为框架结构,有梁楼盖板在实际工程中应用比较广泛,本节主要讲解有梁楼盖板平法识图和钢筋计算。

4.2　有梁楼盖板的平法知识解读

4.2.1　有梁楼盖平法施工图的表示方法

(1)有梁楼盖的制图规则适用于以梁(墙)为支座的楼面与屋面板平法施工图设计。

(2)有梁楼盖平法施工图是在楼面板和屋面板布置图上采用平面注写的表达方式。板平面注写主要包括板块集中标注和板支座原位标注,如图 4-6 所示。

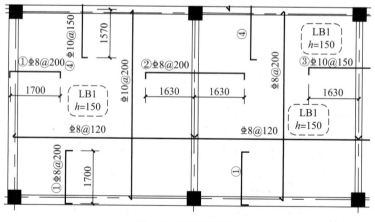

图 4-6　板平面注写

(3)为方便设计表达和施工识图,规定结构平面的坐标方向如下。

① 当两向轴网正交布置时,图面从左至右为 X 向,从下至上为 Y 向;

② 当轴网转折时,局部坐标方向顺轴网转折角度做相应转折;

③ 当轴网向心布置时,切向为 X 向,径向为 Y 向。

此外,对于平面布置比较复杂的区域,如轴网转折交界区域、向心布置的核心区域等,其平面坐标方向应由设计者另行规定并在图上明确表示。

4.2.2　板块集中标注

板块集中标注的内容:板块编号、板厚、上部贯通纵筋、下部纵筋以及当板面标高不同时的标高高差,如图4-7所示。

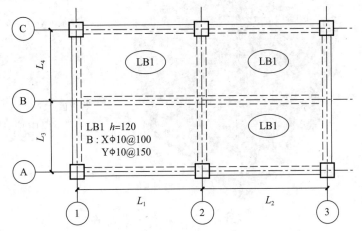

图4-7　有梁楼盖板集中标注

图4-7中集中标注识读为,LB1表示1号楼板,板厚120mm,板下部配置的贯通纵筋X向为φ10@100,Y向为φ10@150;板上部未配置贯通纵筋。

对于普通楼面,X、Y两向均以一跨为一板块;对于密肋楼盖,X、Y两向主梁(框架梁)均以一跨为一板块(非主梁密肋不计)。所有板块应逐一编号,相同编号的板块可择其一做集中标注,其他仅注写置于圆圈内的板编号,以及当板面标高不同时的标高高差。

1. 板块编号

板构件的编号由"代号+序号"组成,见表4-1。

表4-1　板块编号

板类型	代号	序号
楼面板	LB	××
屋面板	WB	××
悬挑板	XB	××

(1)楼面板(LB):一种分隔承重构件,楼板层中的承重部分,它将房屋垂直方向分隔为若干层,并把人和家具等竖向荷载及楼板自重通过墙体、梁或柱传给基础,如图4-8中LB所示。

(2)屋面板(WB):屋面板是可直接承受屋面风荷载、雪荷载、雨荷载、室外温度应力荷载及其他荷载的板,如图4-8中WB所示。

(3)悬挑板(XB):悬挑板是上部受拉的结构,板下没有直接的竖向支撑,靠板自身,或者板下悬挑梁来承受(传递)竖向荷载,如图4-8中XB所示。

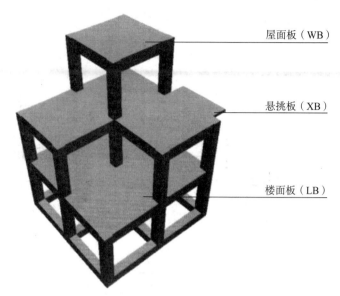

屋面板（WB）

悬挑板（XB）

楼面板（LB）

图 4-8　楼面板、屋面板、悬挑板示意图

2. 板厚

板厚注写为 $h=×××$（为垂直于板面的厚度）；当悬挑板的端部改变截面厚度时，用斜线分隔根部与端部的高度值，注写为 $h=×××/×××$；当设计已在图注中统一注明板厚时，此项可不注。

3. 纵筋

(1) 纵筋按板的下部纵筋和上部贯通纵筋分别注写（当板块上部不设贯通纵筋时则不注），并以 B 代表下部纵筋，以 T 代表上部贯通纵筋，B&T 代表下部与上部。X 向纵筋以 X 打头，Y 向纵筋以 Y 打头，两向纵筋配置相同时则以 X&Y 打头。

(2) 当为单向板时，分布筋可不必注写，而在图中统一注明。

(3) 当在某些板内（例如在悬挑板 XB 的下部）配置有构造钢筋时，则 X 向以 Xc 打头注写，Y 向以 Yc 打头注写。

(4) 当 Y 向采用放射配筋时（切向为 X 向，径向为 Y 向），设计者应注明配筋间距的定位尺寸。

(5) 当纵筋采用两种规格钢筋"隔一布一"方式时，表达为 $xx/yy@×××$，表示直径为 xx 的钢筋和直径为 yy 的钢筋间距相同，两者组合后的实际间距为 $×××$。直径 xx 的钢筋的间距为 $×××$ 的 2 倍，直径 yy 的钢筋的间距为 $×××$ 的 2 倍。

4. 板面标高高差

板面标高高差是指相对于结构层楼面标高的高差，应将其注写在括号内，且有高差则注，无高差不注。

当楼板的顶面高于所在结构层楼面标高时，其标高高差为正值；反之为负值。

5. 其他情况

同一编号板块的类型、板厚和贯通纵筋均应相同，但板面标高、跨度、平面形状以及板支座上部非贯通纵筋可以不同，如同一编号板块的平面形状可为矩形、多边形及其他形状等。施工预算时，应根据其实际平面形状，分别计算各板块的混凝土与钢材用量。

设计与施工应注意以下问题。

（1）单向或双向连续板的中间支座上部同向贯通纵筋，不应在支座位置连接或分别锚固。当相邻两跨的板，上部贯通纵筋配置相同，且跨中部位有足够空间连接时，可在两跨任意一跨的跨中连接部位连接；当相邻两跨的上部贯通纵配置不同时，应将配置较大者越过其标注的跨数终点或起点伸至相邻跨的跨中连接区域连接。

设计应注意板中间支座两侧上部纵筋的协调配置，施工及预算应按具体设计和相应标准构造详图实施。等跨与不等跨板上部纵筋的连接有特殊要求时，其连接部位及方式应由设计者注明。

（2）对于梁板式转换层楼板，板下部纵筋在支座内的锚固长度不应小于 l_{aE}。

（3）当悬挑板需要考虑竖向地震作用时，下部纵筋伸入支座内长度不应小于 l_{aE}。

4.2.3 集中标注示例

1. 识读图 4-9 中各楼板的标注

（1）图 4-9 中，1-2 轴与 AB 轴之间的 LB2 集中标注含义如下。

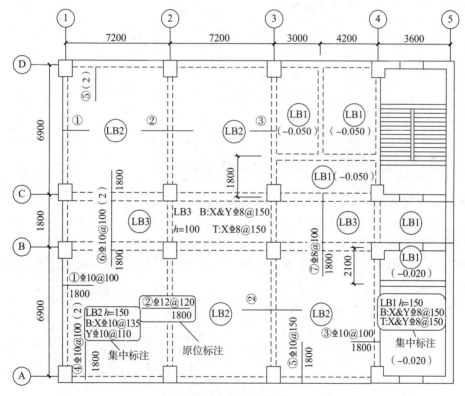

图 4-9 板平面注写

LB2 $h=150$ 表示 2 号楼面板，楼板厚为 150mm；

B：X⊕10@135 表示板下部配置的纵筋 X 向为 ⊕10@135；

Y⊕10@110 表示板下部配置的纵筋 Y 向为 ⊕10@110；板上部未配置贯通纵筋。

（2）图 4-9 中，4-5 轴与 AB 轴之间的 LB1 集中标注含义如下。

LB1 h=150 表示 1 号楼面板,楼板厚为 150mm;

B:X&Y⚫8@150 表示板下部配置的纵筋 X 向和 Y 向均为 ⚫8@150;

T:X&Y⚫8@150 表示板上部配置的贯通纵筋 X 向和 Y 向均为 ⚫8@150。

(3) 图 4-9 中,2-3 轴与 BC 轴之间的 LB3 集中标注含义如下。

LB3 h=100 表示 3 号楼面板,楼板厚为 100mm;

B:X&Y⚫8@150 表示板下部配置的纵筋 X 向和 Y 向均为 ⚫8@150;

T:X⚫8@150 表示板上部配置的贯通纵筋 X 向为 ⚫8@150,Y 向贯通纵筋见原位标注⑥、⑦号钢筋。

(4) 图 4-9 中,3-4 轴与 CD 轴之间的 LB1(−0.050)集中标注含义如下。

LB1(−0.050)表示该楼板顶面低于所在结构层楼面标高 0.050m。

(5) 1-2 轴与 AB 轴之间的 LB2 没有注写板面标高高差,说明 2 号楼面板与所在结构层楼面无高差。

(6) 1-2 轴与 AB 轴之间的 LB2 和 23 轴与 AB 轴之间的 LB2 是同一编号的楼板,其类型、板厚、贯通纵筋均相同。

2. 识读图 4-10 中 LB1 集中标注

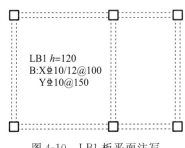

图 4-10　LB1 板平面注写

LB1 h=120 表示 5 号楼面板,板厚 120mm;

B:X⚫10/12@100 表示板下部配置的贯通纵筋 X 向为 ⚫10、⚫12 隔一布一,⚫10 与 ⚫12 之间间距为 100mm;

Y⚫10@150 表示板下部配置的贯通纵筋 Y 向为 ⚫10,间距为 150mm;板上部未配置贯通纵筋。

3. 识读图 4-11 中悬挑板 XB1 集中标注

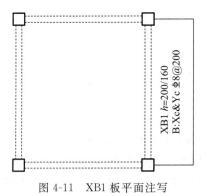

图 4-11　XB1 板平面注写

XB1 $h=200/160$ 表示 1 号悬挑板,板根部厚 200mm,端部厚 160mm;

B：Xc&YcΦ8@200 表示板下部配置构造钢筋双向均为 Φ8@200(悬挑板下部上部受拉,上部配置受力主筋,受力钢筋见板支座原位标注)。

4.2.4 板支座原位标注

板支座原位标注的内容为板支座上部非贯通纵筋和悬挑板上部受力钢筋。板支座原位标注的钢筋应在配置相同跨的第一跨表达(当在梁悬挑部位单独配置时则在原位表达)。在配置相同跨的第一跨(或梁悬挑部位),垂直于板支座(梁或墙)绘制一段适宜长度的中粗实线(当该筋通长设置在悬挑板或短跨板上部时,实线段应画至对边或贯通短跨),以该线段代表支座上部非贯通纵筋,并在线段上方注写钢筋编号(如①、②等)、配筋值、横向连续布置的跨数(注写在括号内,当为一跨时可不注),以及是否横向布置到梁的悬挑端。

板支座上部非贯通纵筋自支座边线向跨内的伸出长度,注写在线段的下方位置。当中间支座上部非贯通纵筋向支座两侧对称伸出时,可仅在支座一侧线段下方标注伸出长度,另一侧不注。当向支座两侧非对称伸出时,应分别在支座两侧线段下方注写伸出长度,如图 4-12 所示。

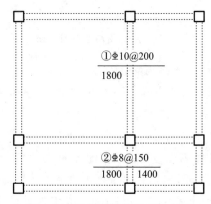

图 4-12 非贯通纵筋伸出示意图

图 4-12 中,板支座上部非贯通纵筋①Φ10@200 的注写表示为：钢筋编号为①号钢筋；Φ10@200 表示配筋为直径 10mm、间距 200mm 的 HRB400 钢筋；钢筋从该跨起沿支撑梁连续布置 1 跨(跨数是 1 时可不注写)；1800 表示钢筋自支座(梁)中线向两侧对称伸出的长度均为 1800mm,只标注左侧的伸出长度,另一侧不注。板支座上部非贯通纵筋②Φ8@150 的注写表示为：钢筋编号为②号钢筋；Φ8@150 表示配筋为直径 8mm、间距 150mm 的 HRB400 钢筋；钢筋从该跨起沿支撑梁连续布置 1 跨(跨数是 1 时可不注写)；1800 表示钢筋从支座(梁)中心线向左伸出的长度为 1800mm,1400 表示钢筋从支座(梁)中心线向右伸出的长度为 1400mm。

对线段画至对边贯通全跨或贯通全悬挑长度的上部通长纵筋,贯通全跨或伸出至全悬挑一侧的长度值不注,只注明非贯通纵筋另一侧的伸出长度值,见图 4-13。

当板支座为弧形,支座上部非贯通纵筋呈放射状分布时,设计者应注明配筋间距的度量位置并加注"放射分布"四字,必要时应补绘平面配筋图,如图 4-14 所示。

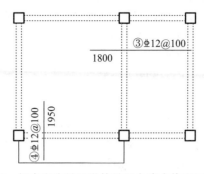

图 4-13　板支座非贯通纵筋贯通全跨或伸出至悬挑端

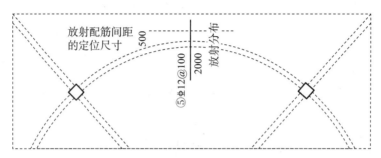

图 4-14　弧形支座处放射配筋

图 4-14 中钢筋表示为:⑤号放射钢筋,直径 12mm、间距 100mm 的 HRB400 钢筋,钢筋横向连续布置 1 跨,钢筋从梁宽的中心线上下伸出的长度均为 2000mm,距梁宽中心线 500mm 的弧线上每隔 100mm 放一根钢筋。

关于悬挑板的注写方式见图 4-15,钢筋可以兼作相邻跨板支座上部非贯通筋,如图 4-15 中⑥号钢筋,也可以锚固在支座内,如图 4-15 中⑦号钢筋。当悬挑板端部厚度不小于 150mm 时,(22G101-1)图集第 2-54 页提供了"无支承板端部封边构造",施工应按标准构造详图执行。当设计采用与 22G101-1 图集构造详图不同的做法时,应另行注明。

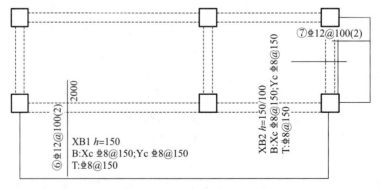

图 4-15　悬挑板支座非贯通纵筋

悬挑板的悬挑阳角放射钢筋的表示方法,如图 4-16 所示,悬挑板的悬挑阴角附加筋的表示方法,如图 4-17 所示。

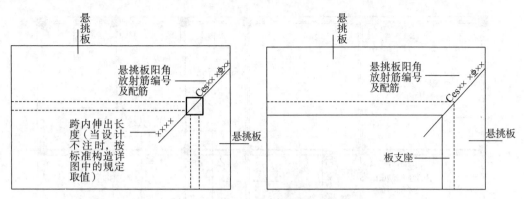

图 4-16 悬挑板阳角放射筋 Ces 引注图示

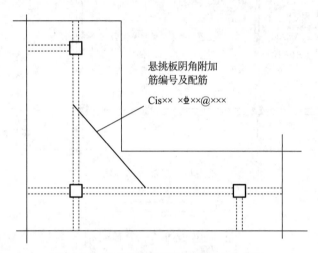

图 4-17 悬挑板阴角附加筋 Cis 引注图示

在板平面布置图中,不同部位的板支座上部非贯通纵筋及悬挑板上部受力钢筋,可仅在一个部位注写,对其他相同者则仅需在代表钢筋的线段上注写编号及按本条规则注写横向连续布置的跨数即可,如图 4-18 所示现浇板结构图。

图 4-18 中,"①⏀8@200"表示支座上部①号非贯通纵筋为 ⏀8@200,从该跨起沿支承梁连续布置 1 跨,该筋自支座边线向跨内伸出长度为 1850mm。在同一板平面布置图的其他部位横跨梁支座绘制的钢筋实线段上注有①,表示该筋同①号筋,沿支承梁连续布置 1 跨,且无梁悬挑端布置。

此外,与板支座上部非贯通纵筋垂直且绑扎在一起的构造钢筋或分布钢筋,应由设计者在图中注明,一般在图纸的注释中注明,例如:图中未注明的分布筋均为 ⏀8@250mm。

当板的上部已配置有贯通纵筋,但需增配板支座上部非贯通纵筋时,应结合已配置的同向贯通纵筋的直径与间距采取"隔一布一"方式配置。"隔一布一"方式配置为非贯通纵筋的间距与贯通纵筋相同,两者组合后的实际间距为各自标注间距的 1/2。

图 4-19 中,板 LB6 上部 X 向贯通纵筋 ⏀10@200 与板支座上部非贯通钢筋②号筋 ⏀10@200 就是"隔一布一"配置,板上部钢筋"隔一布一"示意图如图 4-20 所示。

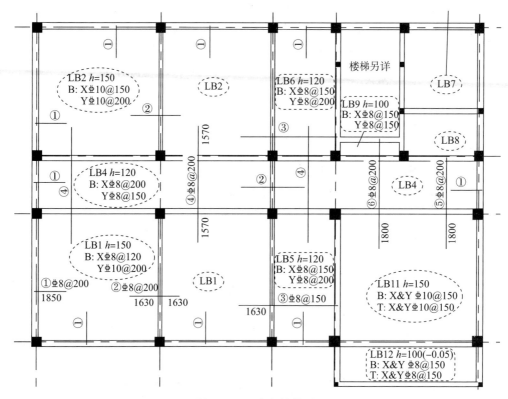

图 4-18　现浇板结构图

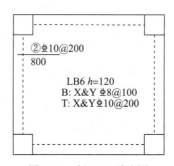

图 4-19　板 LB6 平法图

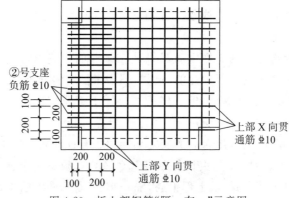

图 4-20　板上部钢筋"隔一布一"示意图

4.3　板构件钢筋分类及构造

板中钢筋分为受力筋(底筋、面筋)、负筋(边支座负筋、中间支座负筋)、负筋分布筋、温度筋、马凳筋等。布置需 XY 双向呈网状布置,分布筋常与单向负筋或跨板受力筋配合使用,屋面板常在板面无负筋区域配置温度筋,与两端负筋搭接。板的构造与梁钢筋构造一样,可以分为支座锚固和伸出长度两大部分。

4.3.1　有梁楼盖板和屋面板钢筋构造

有梁楼盖板和屋面板钢筋构造如图 4-21 所示,图中需要注意以下几点。

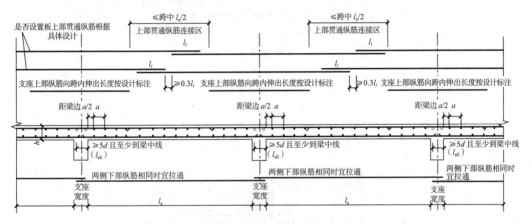

图 4-21　有梁楼盖板和屋面板钢筋构造

(1) 当相邻等跨或不等跨的上部贯通纵筋配置不同时,应将配置较大者越过其标注的跨数终点或起点伸出至相邻跨的跨中连接区域连接。

(2) 板贯通纵筋的在同一连接区段内钢筋接头百分率不宜大于 50%。

(3) 板位于同一层面的两向交叉纵筋何向在下何向在上,应按具体设计说明。

(4) 图 4-21 中板的中间支座均按梁绘制,当支座为混凝土剪力墙时,其构造相同。

(5) 除图 4-21 所示搭接连接外,板纵筋可采用机械连接或焊接连接。接头位置:上部钢筋见本图所示连接区,下部钢筋宜在距支座 1/4 净跨内。

4.3.2　板在端部支座的锚固构造

(1) 端支座为梁时板端支座锚固构造如图 4-22 和图 4-23 所示。

图 4-22 中"设计按铰接时""充分利用钢筋的抗拉强度时"由设计指定,当按铰接设计时,伸入梁内平直段长度 $\geqslant 0.35l_{ab}$ 时,板上部纵筋需伸至外侧梁角筋内侧向下弯折 $15d$,当平直段长度 $\geqslant l_a$ 时可不弯折。当充分利用钢筋抗拉强度时,伸入梁内平直段长度 $\geqslant 0.6l_{ab}$ 时,板上部纵筋也需伸至外侧梁角筋内侧向下弯折 $15d$,当平直段长度 $\geqslant l_{aE}$ 时可不弯折。

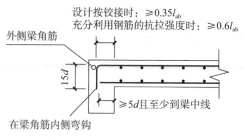

图 4-22 普通楼屋面板

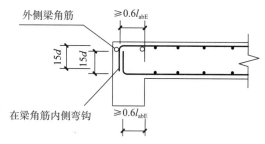

图 4-23 梁板式转换层楼面板

（2）端支座为剪力墙中间层时板端支座锚固构造如图 4-24 所示。

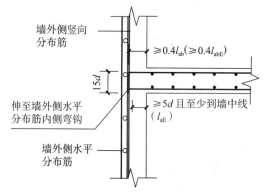

图 4-24 端部支座为剪力墙中间层

图 4-24 中板的上部贯通筋伸入剪力墙外侧水平分布筋内侧向下弯折 $15d$，水平段长度 $\geq 0.4l_{ab}$，当平直段长度分别为 l_{ab} 或 l_{aE} 时可不弯折。下部纵筋伸入至剪力墙中心线且 $\geq 5d$。当板为梁板式转换层，板的下部纵筋长度不足时，板的钢筋形式如图 4-25 所示，板的下部纵筋伸入剪力墙内 $\geq 0.4l_{abE}$ 且向上弯折 $15d$。

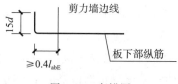

图 4-25 弯锚图

（3）端支座为剪力墙墙顶时板端支座锚固构造如图 4-26 和图 4-27 所示。

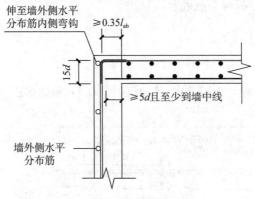

图 4-26 板端按铰接设计时

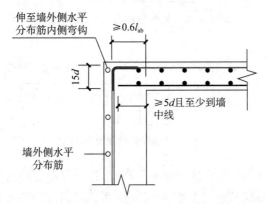

图 4-27 板端上部纵筋充分利用钢筋抗拉强度时

图 4-26 和图 4-27 中板钢筋的构造类似，下部纵筋都伸入至剪力墙中心线且≥5d。板上部贯通筋的都伸至剪力墙外侧水平分布筋内侧向下弯折 15d，区别在于铰接设计时平直段长度≥0.35l_{ab}，充分利用钢筋抗拉强度平直段长度≥0.6l_{ab}。剪力墙外侧水平分布筋伸入板内，与上部贯通筋搭接时如图 4-28 所示。

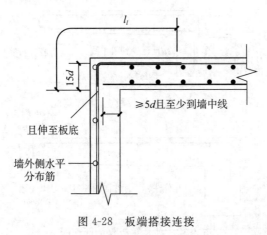

图 4-28 板端搭接连接

图 4-28 中,板下部纵筋伸入至剪力墙中心线且≥5d,上部贯通筋伸至剪力墙外侧水平分布筋内侧向下弯折,弯折伸至板底且≥15d。

4.3.3 悬挑板钢筋构造

1. 延伸悬挑板

延伸悬挑板构造分为上、下部均配筋和仅上部配筋,构造如图 4-29 和图 4-30 所示。

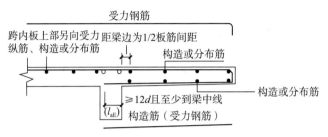

图 4-29 延伸悬挑板上、下部均配

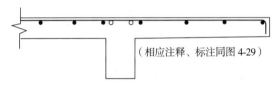

图 4-30 延伸悬挑仅上部均配

图 4-29 中上部受力筋伸至悬挑板端向下弯折,板下部布置构造筋或分布筋,从悬挑端伸入梁内,伸至梁内中心线且≥12d,图 4-30 中上部钢筋构造与图 4-29 一致。

2. 纯悬挑板

纯悬挑板构造分为上、下部均配筋和仅上部配筋,构造如图 4-31 和图 4-32 所示。

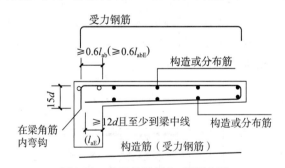

图 4-31 纯悬挑板板上、下部均配

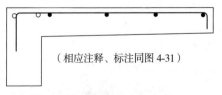

图 4-32 纯悬挑板仅上部均配

图 4-31 中上部受力筋一侧伸至梁角筋内侧且梁内平直段≥$0.6l_{ab}$，向下弯折 $15d$，另一种伸至悬挑板端，板下部布置构造筋或分布筋，从悬挑端伸入梁内，伸至梁内中心线且≥$12d$，图 4-32 中上部钢筋构造与图 4-31 一致。

3. 高差悬挑板

高差悬挑板构造分为上、下部均配筋和仅上部配筋，构造如图 4-33 和图 4-34 所示。

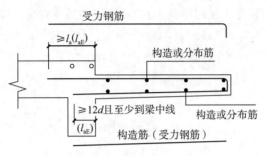

图 4-33 高差悬挑板板上、下部均配

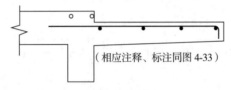

图 4-34 高差悬挑板仅上部均配

图 4-33 中上部受力筋一侧伸至高差板内至少 l_a，另一侧伸至悬挑板端，板下部布置构造筋或分布筋，从悬挑端伸入梁内，伸至梁内中心线且≥$12d$，图 4-34 中上部钢筋构造与图 4-33 一致。

4.4 板钢筋计算案例

【案例 1】 框架结构土木工程楼混凝土强度 C30，下部钢筋每跨锚固，钢筋定尺长度 9000mm，保护层厚度 15mm，图 4-35 中柱宽 600mm，高 600mm，梁宽 400mm，梁高 600mm，计算图左跨 LB1 钢筋工程量。

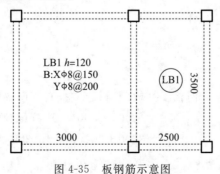

图 4-35 板钢筋示意图

解:(1) 下部纵筋长度

$$X 方向长度 = 板跨净长 + 左、右支座锚固 + 180° 弯钩$$
$$= (3000 - 400) + 2 \times \max(5d, b/2) + 2 \times 6.25d$$
$$= 2600 + 2 \times \max(40, 400/2) + 12.5 \times 8$$
$$= 3100 (mm)$$
$$Y 方向长度 = 板跨净长 + 左、右支座锚固 + 180° 弯钩$$
$$= (3500 - 400) + 2 \times \max(5d, b/2) + 2 \times 6.25d$$
$$= 3100 + 2 \times \max(40, 400/2) + 12.5 \times 8$$
$$= 3600 (mm)$$

(2) 下部纵筋根数

$$X 方向长度 = \frac{布筋范围 - 起步距}{间距} + 1$$
$$= \frac{3500 - 400 - 150}{150} + 1$$
$$\approx 21 (根)$$
$$Y 方向长度 = \frac{布筋范围 - 起步距}{间距} + 1$$
$$= \frac{3000 - 400 - 200}{200} + 1$$
$$= 13 (根)$$

【案例 2】 框架结构土木工程楼混凝土强度 C30,一级抗震,一类环境,上部钢筋搭接,下部钢筋每跨锚固,钢筋定尺长度 9000mm,保护层厚度 15mm,图 4-36 中柱宽 600mm,高 600mm,四周梁宽 300mm,计算图 4-36 中楼板钢筋工程量。

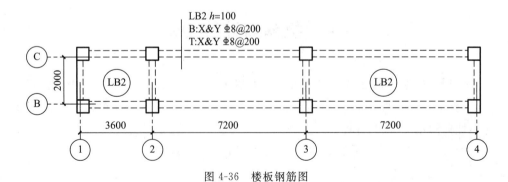

图 4-36　楼板钢筋图

解:(1) 下部纵筋长度

$$①②轴 X 方向长度 = 板跨净长 + 左、右支座锚固$$
$$= (3600 - 300) + 2 \times \max(5d, b/2)$$
$$= 3300 + 2 \times \max(40, 300/2)$$
$$= 3600 (mm)$$

①②轴 Y 方向长度＝板跨净长＋左、右支座锚固

$$= (2000-150)+2\times\max(5d,b/2)$$

$$= 1850+2\times\max(40,300/2)$$

$$= 2150(\text{mm})$$

②③轴 X 方向长度＝板跨净长＋左、右支座锚固

$$= (7200-300)+2\times\max(5d,b/2)$$

$$= 6900+2\times\max(40,300/2)$$

$$= 7200(\text{mm})$$

②③轴 Y 方向长度同①②轴长度。

③④轴 X、Y 方向长度同②③轴。

（2）下部纵筋根数

$$①②轴 X 方向根数 = \frac{布筋范围-起步距}{间距}+1$$

$$= \frac{2000-150-200}{200}+1$$

$$= 10(\text{根})$$

$$①②轴 Y 方向根数 = \frac{布筋范围-起步距}{间距}+1$$

$$= \frac{3600-300-200}{200}+1$$

$$= 17(\text{根})$$

②③轴 X 方向根数同①②轴。

$$②③轴 Y 方向根数 = \frac{布筋范围-起步距}{间距}+1$$

$$= \frac{7200-300-200}{200}+1$$

$$= 35(\text{根})$$

③④轴 X、Y 方向根数同②③轴。

（3）上部贯通筋长度

$l_{aE}=40d=320(\text{mm})$，支座内平直段长度＝$300-20=280(\text{mm})$，弯锚

X 方向长度＝板跨净长＋左、右支座锚固＋搭接

$$= 3600+7200+7200-300+2\times(280+15d)+2\times48d$$

$$= 17700+800+768$$

$$= 19268(\text{mm})$$

Y 方向长度＝板跨净长＋左、右支座锚固

$$= 2000-150+2\times(280+15d)$$

$$= 2650(\text{mm})$$

（4）上部贯通筋根数

X 方向根数同①②轴 X 方向根数，Y 方向根数同①②轴 Y 方向根数。

【**案例 3**】 框架结构土木工程楼混凝土强度 C30,一级抗震,一类环境,上部钢筋搭接,下部钢筋每跨锚固,钢筋定尺长度 9000mm,保护层厚度 15mm,图 4-37 中柱宽 600mm,高 600mm,四周梁宽 300mm,未注明的分布筋为 Φ6@200,计算图 4-37 楼板钢筋工程量。

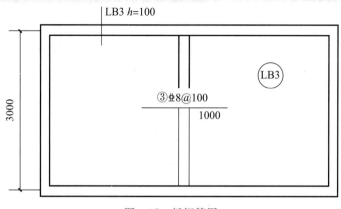

图 4-37 板钢筋图

解:

$$③号中间支座负筋长度=平直段+弯折$$
$$=2×1000+2×(100-15×2)$$
$$=2140(mm)$$

$$③号中间支座负筋根数=\frac{布筋范围-起步距}{间距}+1$$
$$=\frac{3000-300-100}{100}+1$$
$$=27(根)$$

【**案例 4**】 框架结构土木工程楼混凝土强度 C30,一级抗震,一类环境,钢筋定尺长度 9000mm,保护层厚度 15mm,图 4-38 中柱宽 600mm,高 600mm,四周梁宽 300mm,无分布筋,计算图 4-38 楼板钢筋工程量。

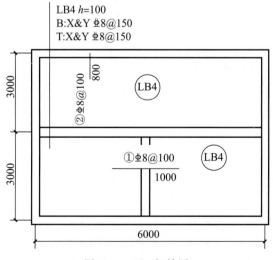

图 4-38 LB4 钢筋图

解: $l_{aE}=40d=320(\text{mm})$,支座内平直段长度$=300-20=280\text{mm}$,弯锚

$$①\text{号中间支座负筋长度}=\text{平直段}+\text{弯折}$$
$$=2×1000+2×(100-30)$$
$$=2140(\text{mm})$$

$$①\text{号中间支座负筋根数}=\frac{\text{布筋范围}-\text{起步距}}{\text{间距}}+1$$
$$=\frac{3000-300-100}{100}+1$$
$$=27(\text{根})$$

$$②\text{号端支座负筋长度}=\text{平直段}+\text{一段锚固}+\text{一段弯折}$$
$$=800-150+(300-20+15×8)+(100-30)$$
$$=1120(\text{mm})$$

$$②\text{号端支座负筋根数}=\frac{\text{布筋范围}-\text{起步距}}{\text{间距}}+1$$
$$=\frac{6000-300-100}{100}+1$$
$$=57(\text{根})$$

【**案例5**】 有梁楼盖的平法施工图如图4-39所示,未注明的分布筋为$\Phi6@200$。环境类别为一类,混凝土强度等级为C30,梁混凝土保护层20mm,板混凝土保护层15mm,抗震等级为一级抗震,钢筋定尺长度为9000mm,连接方式为焊接,梁宽均为250mm,梁箍筋直径为8mm,梁纵筋直径为16mm。识读板平法施工图、计算楼面板LB1的钢筋设计长度及根数并画出钢筋简图。

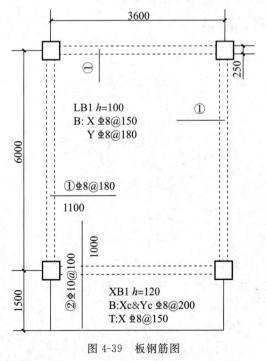

图4-39 板钢筋图

解:(1) 识读板平法施工图。

LB1 $h=100$,B:X $\Phi 8@150$,Y $\Phi 8@180$:1 号楼面板,板厚 100mm,板下部配置贯通纵筋 X 向为直径 8mm、间距为 150mm 的 HRB400 钢筋;Y 向为直径 8mm、间距为 180mm 的 HRB400 钢筋,板上部未配置贯通纵筋。

① 号端支座负筋:①号端支座负筋配筋为直径 8mm、间距 180mm 的 HRB400 钢筋;布置 1 跨;钢筋自梁中线向跨内伸出的长度为 1100mm。

② 号支座负筋配筋为直径 10mm、间距 100mm 的 HRB400 钢筋;布置 1 跨;钢筋自梁中线向上伸出的长度为 1000mm,自梁中线向下伸出的长度为贯通全跨,贯通全跨一侧的长度值不注。

XB1 $h=120$,B:Xc&Yc $\Phi 8@200$,T:X $\Phi 8@150$:2 号悬挑板,板厚 120mm,板下部配置的构造钢筋 X 向和 Y 向均为直径 8mm、间距 200mm 的 HRB400 钢筋;板上部配置的贯通纵筋 X 向为直径 8mm、间距 150mm 的 HRB400 钢筋,Y 向受力筋是原位标注的②号筋。

(2) 计算楼面板 LB1 的钢筋设计长度及根数并画出钢筋简图。

① LB1 下部纵筋长度

$$X 方向长度 = 板跨净长 + 左、右支座锚固$$
$$= (3600-250) + 2 \times \max(5d, b/2)$$
$$= 3350 + 2 \times \max(40, 250/2)$$
$$= 3600 (mm)$$

$$Y 方向长度 = 板跨净长 + 左、右支座锚固$$
$$= (6000-250) + 2 \times \max(5d, b/2)$$
$$= 5750 + 2 \times \max(40, 250/2)$$
$$= 6000 (mm)$$

② LB1 下部纵筋根数

$$X 方向根数 = \frac{布筋范围 - 起步距}{间距} + 1$$
$$= \frac{6000-250-150}{150} + 1$$
$$\approx 39 (根)$$

$$Y 方向根数 = \frac{布筋范围 - 起步距}{间距} + 1$$
$$= \frac{3600-250-180}{180} + 1$$
$$\approx 19 (根)$$

③ ①号端支座负筋

$l_{aE} = 40d = 320 (mm)$,支座内平直段长度 $= 250 - 20 = 230 (mm)$,弯锚

$$端支座负筋长度 = 平直段 + 锚固 + 弯折$$
$$= 1100 - 125 + (250 - 20 + 15 \times 8) + (100 - 15 \times 2)$$
$$= 975 + 350 + 70$$
$$= 1395 (mm)$$

AB 轴交①轴,端支座负筋根数 $= \dfrac{布筋范围-起步距}{间距}+1$

$$= \dfrac{6000-250-180}{180}+1$$

$$\approx 32(根)$$

AB 轴交②轴,端支座负筋根数 $= \dfrac{布筋范围-起步距}{间距}+1$

$$= \dfrac{6000-250-180}{180}+1$$

$$= 32(根)$$

①②轴交 B 轴,端支座负筋根数 $= \dfrac{布筋范围-起步距}{间距}+1$

$$= \dfrac{3600-250-180}{180}+1$$

$$\approx 19(根)$$

总根数 $=32+32+19=83(根)$

④ ①号端支座负筋分布筋

AB 轴交①轴,分布筋长度 $=$ 净跨$-$端支座平直段$+$搭接

$$=6000-1000-1100+2\times150$$

$$=4200(mm)$$

AB 轴交②轴,分布筋长度 $=$ 净跨$-$端支座平直段$+$搭接

$$=6000-1000-1100+2\times150$$

$$=4200(mm)$$

B 轴交①②轴,分布筋长度 $=$ 净跨$-$端支座平直段$+$搭接

$$=3600-1100-1100+2\times150$$

$$=1700(mm)$$

AB 轴交①轴,分布筋根数 $= \dfrac{布筋范围-起步距}{间距}+1$

$$= \dfrac{1100-125-100}{200}+1$$

$$\approx 5(根)$$

总根数 $=5+5+5=15(根)$

⑤ ②号支座负筋

支座负筋长度 $=$ 两端平直段$+$弯折

$$=(1500-15)+1000+(120-2\times15)+(100-2\times15)$$

$$=1485+1000+90+70$$

$$=2645(mm)$$

$$支座负筋根数=\frac{布筋范围-起步距}{间距}+1$$

$$=\frac{3600-250-100}{100}+1$$

$$\approx34(根)$$

⑥ ②号支座负筋分布筋

$$分布筋长度=净跨-端支座平直段+搭接$$

$$=3600-1100-1100+2\times150$$

$$=1700(mm)$$

$$分布筋根数=\frac{布筋范围-起步距}{间距}+1$$

$$=\frac{1000-125-100}{200}+1$$

$$\approx5(根)$$

学习笔记

项目5 剪力墙平法识读与钢筋计算

重点提示

1. 了解剪力墙平法施工图识读的基本知识,如剪力墙平法施工图表示方法、剪力墙列表注写方式、剪力墙截面注写方式、剪力墙洞口表示方法、地下室外墙的表示方法等。

2. 了解剪力墙墙身钢筋构造,如剪力墙墙身水平分布筋、转角墙、翼墙等。

3. 了解不同保护层厚度下的基础内墙身竖向分布筋、中间层墙身竖向分布筋、中间层变截面墙身竖向钢筋、顶层剪力墙墙身竖向钢筋、剪力墙拉结筋等。

4. 掌握剪力墙柱钢筋构造、剪力墙梁钢筋构造等。

5. 通过不同剪力墙钢筋计算与下料计算实例的讲解,把握不同情况下的具体计算方法。

剪力墙是一种常用于抗震设计的重要结构形式,其在工程实践中得到广泛应用。剪力墙作为建筑结构的纵向抗力体系,能够有效地吸收和抵抗地震产生的水平力,从而保障建筑物在地震作用下的安全性能。平法识读与计算是剪力墙设计中至关重要的环节,它涉及对剪力墙在不同载荷工况下的受力性能进行全面而准确的分析。

5.1 剪力墙平法识读

5.1.1 剪力墙概念

剪力墙也叫作抗震墙、结构墙或耐震壁,一般为钢筋混凝土构造,在地震多发地区很常见,如图 5-1 所示。水平荷载是剪力墙的主要荷载,它使剪力墙受剪和受弯。剪力墙由墙柱、墙身、墙梁组成。

5.1.2 剪力墙钢筋类型

剪力墙构件中墙柱分为纵筋与箍筋,墙身分为水平分布筋、竖向分布筋和拉筋,墙梁分为纵筋与箍筋,如图 5-2 所示。

5.1.3 剪力墙钢筋平法施工图表示方法

(1)工程中剪力墙平法施工图系在剪力墙平面布置图上采用列表注写方式或者截面注写方式表达。

(2)剪力墙平面布置图可采用适当比例单独绘制,也可与柱或梁平面布置图合并绘制。当剪力墙较复杂或采用截面注写方式时,应按标准层分别绘制剪力墙平面布置图。

图 5-1　剪力墙工程图

图 5-2　剪力墙钢筋图

（3）在剪力墙平法施工图中,应注明各结构层的楼面标高、结构层高及相应的结构层号,尚应注明上部结构嵌固部位位置。

（4）对于轴线未居中的剪力墙（包括端柱）,应注明其与定位轴线之间的关系。

5.1.4　剪力墙列表注写方式

列表注写方式系分别在剪力墙柱表、剪力墙身表和剪力墙梁表中,对应剪力墙平面布置图上的编号,用绘制截面配筋图并注写几何尺寸与配筋具体数值的方式,来表达剪力墙本平法施工图。

1. 墙柱

墙柱编号由墙柱类型代号和序号组成,表达形式应符合表 5-1 的规定。

表 5-1 中构造边缘构件包括构造边缘暗柱、构造边缘端柱、构造边缘翼墙、构造边缘转角墙四种,如图 5-3 所示,约束边缘构件包括约束边缘暗柱、约束边缘端柱、约束边缘翼墙、约束边缘转角墙四种,如图 5-4 所示。

表 5-1 墙柱编号

墙柱类型	代号	序号
约束边缘构件	YBZ	××
构造边缘构件	GBZ	××
非边缘暗柱	AZ	××
扶壁柱	FBZ	××

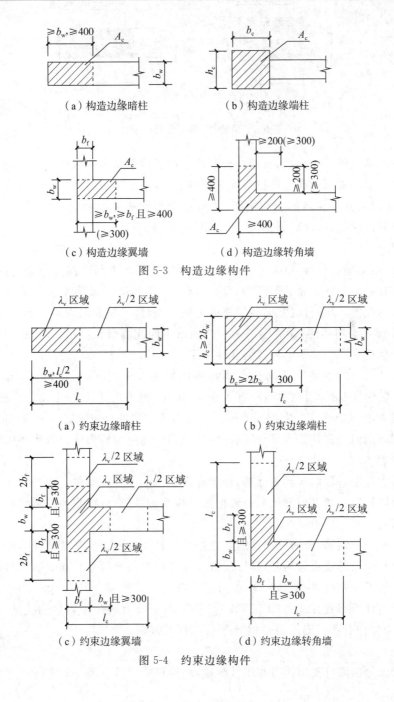

（a）构造边缘暗柱　　　　（b）构造边缘端柱

（c）构造边缘翼墙　　　　（d）构造边缘转角墙

图 5-3　构造边缘构件

（a）约束边缘暗柱　　　　（b）约束边缘端柱

（c）约束边缘翼墙　　　　（d）约束边缘转角墙

图 5-4　约束边缘构件

约束边缘构件一般设置在建筑物底部加强部位及相邻的上一层,一般情况下,底部加强部位在图纸的结构层楼面标高中标出。图 5-4 中 λ_v 表示核心区域,$\lambda_v/2$ 表示扩展区域。

绘制墙柱的截面配筋图时需标注墙柱几何尺寸,构造边缘构件需注明阴影部分尺寸,约束边缘构件需注明阴影部分尺寸,剪力墙平面布置图中应注明约束边缘构件沿墙肢长度 l_c,如图 5-4 所示,扶壁柱及非边缘暗柱需标注几何尺寸,如图 5-5 所示。

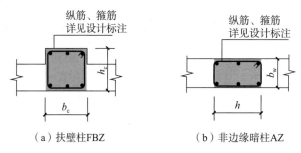

（a）扶壁柱FBZ　　　　　　（b）非边缘暗柱AZ

图 5-5　扶壁柱、非边缘暗柱示意图

注写各段墙柱的起止标高,自墙柱根部往上以变截面位置或截面未变但配筋改变处为界分段注写。墙柱根部标高一般指基础顶面标高(部分框支剪力墙结构则为框支梁顶面标高)。注写各段墙柱的纵向钢筋和箍筋,注写值应与在表中绘制的截面配筋图对应一致。纵向钢筋注总配筋值;墙柱箍筋的注写方式与柱箍筋相同。

2. 墙身

墙身编号,由墙身代号(Q)、序号以及墙身所配置的水平与竖向分布钢筋的排数组成,其中排数注写在括号内。表达形式为:Q××(××排),Q 表示为墙身的序号。若干墙柱的截面尺寸与配筋均相同,仅截面与轴线的关系不同时,可将其编为同一墙柱号;若干墙身的厚度尺寸和配筋均相同,仅墙厚与轴线的关系不同或墙身长度不同时,也可将其编为同一墙身号。但应在图中注明与轴线的几何关系。

当墙身所设置的水平与竖向分布钢筋的排数为 2 时可不注。当剪力墙厚度不大于 400mm 时,应配置双排;当剪力墙厚度大于 400mm,但不大于 700mm 时,宜配置三排;当剪力墙厚度大于 700mm 时,宜配置四排。当剪力墙配置的分布钢筋多于两排时,剪力墙拉结筋除两端应同时勾住外排水平纵筋和竖向纵筋外,尚应与剪力墙内排水平纵筋和竖向纵筋绑扎在一起。

注写时需注明各段墙身起止标高,自墙身根部往上以变截面位置或截面未变但配筋改变处为界分段注写。墙身根部标高一般指基础顶面标高(部分框支剪力墙结构则为框支梁的顶面标高)。

注写水平分布钢筋、竖向分布钢筋和拉结筋的具体数值。注写数值为一排水平分布钢筋和竖向分布钢筋的规格与间距,具体设置几排已经在墙身编号后面表达。当内外排竖向分布钢筋配筋不一致时,应单独注写内、外排钢筋的具体数值。

拉结筋应注明布置方式为"矩形"或"梅花",用于剪力墙分布钢筋的拉结,如图 5-6 所示,图中 a 为竖向分布钢筋间距,b 为水平分布钢筋间距。

3. 墙梁

墙柱梁编号由墙柱类型代号和序号组成,表达形式应符合表 5-2 的规定。

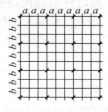 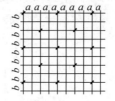

（a）拉结筋 @3a@3b 矩形 （b）拉结筋 @4a@4b 梅花
（$a \leqslant 200mm$、$b \leqslant 200mm$） （$a \leqslant 150mm$、$b \leqslant 150mm$）

图 5-6 拉结筋设置示意图

表 5-2 梁柱编号

墙柱类型	代号	序号
连梁	LL	××
连梁(跨高比不小于5)	LLk	××
连梁(对角暗撑配筋)	LL(JC)	××
连梁(对角斜撑配筋)	LL(JX)	××
连梁(集中对角斜筋配筋)	LL(DX)	××
暗梁	AL	××
边框梁	BKL	××

在具体工程中,当某些墙身需设置暗梁或边框梁时,宜在剪力墙平法施工图或梁平法施工图中绘制暗梁或边框梁的平面布置图并编号,以明确其具体位置。注写墙梁编号时,应注明墙梁所在楼层号、墙梁顶面标高高差,当无高差时不注。墙梁截面尺寸用 $b \times h$,上部纵筋、下部纵筋和箍筋应根据实际数值标注。

设计施工时应注意以下几点。

（1）在剪力墙平面布置图中需注写约束边缘构件非阴影区筋直径,与阴影区箍筋直径相同时,可不注。

（2）当约束边缘构件体积配箍率计算中计入墙身水平分布钢筋时,设计者应注明。施工时,墙身水平分布钢筋应注意采用相应的构造做法。

（3）约束边缘构件非阴影区拉筋是沿剪力墙竖向分布钢筋逐根设置。施工时应注意,非阴影区外圈设置箍筋时,箍筋应包住阴影区内第二列竖向纵筋。

5.1.5 剪力墙截面注写方式

截面注写方式是在按标准层绘制的剪力墙平面布置图上,以直接在墙柱、墙身、墙梁上注写截面尺寸和配筋具体数值的方法来表达剪力墙平法施工图。

选用适当比例原位放大绘制剪力墙平面布置图,其中对墙柱绘制配筋截面图;对所有墙柱、墙身、墙梁分别按列表注写方式规定进行编号,并分别在相同编号的墙柱、墙身、墙梁中选择一根墙柱、一道墙身、一根墙梁进行注写,其注写方式按以下规定进行。

（1）从相同编号的墙柱中选择一个截面，原位绘制墙柱截面配筋图，注明几何尺寸，并在各配筋图上继其编号后标注全部纵筋及箍筋的具体数值，如图 5-7 所示。

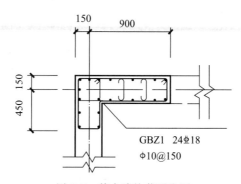

图 5-7　剪力墙柱截面注写

图 5-7 中 GBZ1 表示 1 号构造边缘墙柱，全部纵筋为 24 根直径 18mm 的 HRB400 钢筋，箍筋直径为 10mm 的 HPB300 钢筋，间距是 150mm。剪力墙厚 300mm，X 方向墙柱长 1050mm，Y 方向墙柱长 600mm。

（2）从相同编号的墙身中选择一道墙身，按顺序引注的内容为：墙身编号（包括注写在括号内墙身所配置的水平与竖向分布钢筋的排数）、墙厚尺寸，水平分布钢筋、竖向分布钢筋和拉筋的具体数值，如图 5-8 所示。

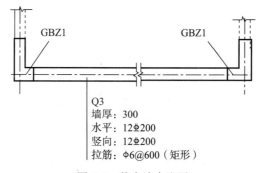

图 5-8　剪力墙身注写

图 5-8 中注写表示为：3 号剪力墙身，双排钢筋；水平分布筋为直径 12mm 的 HRB400 钢筋，间距为 200mm；竖向分布筋为直径 12mm 的 HRB400 钢筋，间距为 200mm；拉筋为 6mm 的 HPB300 钢筋，间距为 600mm，矩形布置。

（3）从相同编号的墙梁中选择一根墙梁，采用平面注写方式，按顺序引注的内容注写：墙梁编号、墙梁所在层及截面尺寸 $b×h$，墙梁箍筋、上部纵筋、下部纵筋和墙梁顶面标高高差的具体数值，如图 5-9 所示。当墙身水平分布钢筋不能满足连梁的侧面纵向构造钢筋的要求时，应补充注明梁侧面纵筋的具体数值；注写时，以大写字母"N"打头，接续注写梁侧面纵筋的总根数与直径。其在支座内的锚固要求同连梁中受力钢筋。

图 5-9 中 LL1 表示为：1 号连梁，第 2 层，梁截面宽 300mm，高 2970mm；第 3 层时，梁截面宽 300mm，高 2670mm；第 4～9 层，梁截面宽 300mm，高 2070mm。箍筋筋为 10mm 的 HPB300 钢筋，间距 100mm，双肢箍。梁上部纵筋为 4Φ22，下部纵筋为 4Φ22。

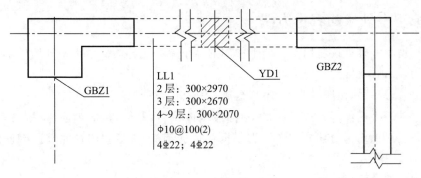

图 5-9 连梁截面注写

5.1.6 剪力墙洞口的表示方法

无论采用列表注写方式还是截面注写方式,剪力墙上的洞口均可在剪力墙平面布置图上原位表达,具体表示方法如下。

(1) 在剪力墙平面布置图上绘制洞口示意,并标注洞口中心的平面定位尺寸。

(2) 在洞口中心位置引注:洞口编号、洞口几何尺寸、洞口所在层及洞口中心相对标高、洞口每边补强钢筋,共四项内容。具体规定如下。

① 洞口编号:矩形洞口为 JD××(×× 为序号),圆形洞口为 YD××(×× 为序号)。

② 洞口几何尺寸:矩形洞口为洞宽×洞高($b \times h$),圆形洞口为洞口直径 D。

③ 洞口所在层及洞口中心相对标高:相对标高是指相对于本结构层楼(地)面标高的洞口中心高度,应为正值,如图 5-10 所示。

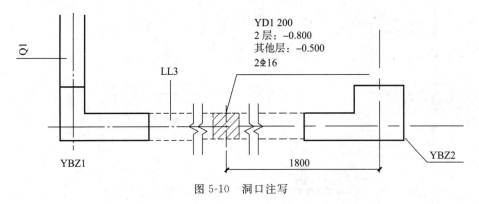

图 5-10 洞口注写

图 5-10 中洞口标注表示:1 号圆形洞口,直径 200mm,第二层洞口中心相对该层楼面标高为 −0.800m,其他层洞口中心相对该层楼面标高为 −0.500m,洞口周围补强钢筋为 2 根直径 16mm 的 HRB400 钢筋。

④ 洞口每边补强钢筋,在构造部分进行讲解。

当矩形洞口的洞宽、洞高均不大于 800mm 时,此项注写为洞口每边补强钢筋的具体数值。当洞宽、洞高方向补强钢筋不一致时,分别注写沿洞宽方向、沿洞高方向补强钢筋,以"/"分隔。

5.1.7　地下室外墙的表示方法

本小节地下室外墙仅适用于起挡土作用的地下室外围护墙。地下室外墙中墙柱、连梁及洞口等的表示方法同地上剪力墙。

地下室外墙编号,由墙身代号、序号组成,表示为:DWQ××。

地下室外墙平面注写方式,包括集中标注墙体编号、厚度、贯通钢筋、拉结筋等和原位标注附加非贯通钢筋等两部分内容。当仅设置贯通钢筋,未设置附加非贯通钢筋时,则仅做集中标注。

地下室外墙的集中标注,规定如下。

(1) 注写地下室外墙编号,包括代号、序号、墙身长度(注为××~××轴)。

(2) 注写地下室外墙厚度加 b_w＝×××。

(3) 注写地下室外墙的外侧、内侧贯通钢筋和拉结筋。

① 以 OS 代表外墙外侧贯通钢筋。其中,外侧水平贯通钢筋以 H 打头注写,外侧竖向贯通钢筋以 V 打头注写。

② 以 IS 代表外墙内侧贯通钢筋。其中,内侧水平贯通钢筋以 H 打头注写,内侧竖向贯通钢筋以 V 打头注写。

③ 以 tb 打头注写拉结筋直径、钢筋种类及间距,并注明"矩形"或"梅花"。

地下室外墙平法注写如图 5-11 所示。

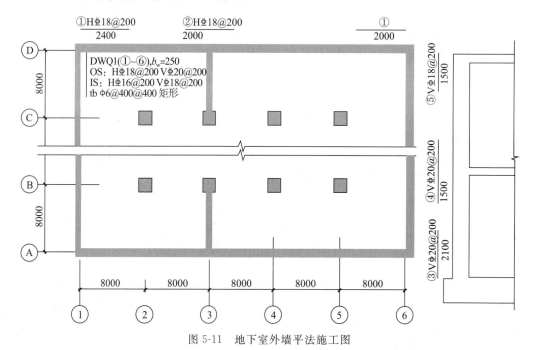

图 5-11　地下室外墙平法施工图

图 5-11 中 DWQ1 注写表示:1 号地下室外墙,长度为①~⑥轴,墙厚 250mm;墙外侧水平贯通筋为 ⊈18@200,竖向贯通筋为 ⊈20@200;墙内侧水平贯通筋为 ⊈16@200,竖向贯通筋为 ⊈18@200;拉结筋为 Φ6,矩形布置,水平间距为 400mm,竖向间距为 400mm。

地下室外墙的原位标注,规定如下。

地下室外墙的原位标注,主要表示在外墙外侧配置的水平非贯通钢筋或竖向非贯通钢筋。当配置水平非贯通钢筋时,在地下室墙体平面图上原位标注。在地下室外墙外侧绘制粗实线段代表水平非贯通钢筋,在其上注写钢筋编号并以 H 打头注写钢筋种类、直径、分布间距,以及自支座中线向两边跨内的伸出长度值。当自支座中线向两侧对称伸出时,可仅在单侧标注跨内伸出长度,另一侧不注,此种情况下非贯通钢筋总长度为标注长度的 2 倍。边支座处非贯通钢筋的伸出长度值从支座外边缘算起。地下室外墙外侧非贯通钢筋通常采用"隔一布一"方式与集中标注的贯通钢筋间隔布置,其标注间距应与贯通钢筋相同,两者组合后的实际分布间距为各自标注间距的 1/2。

图 5-11 中①、②原位标注含义为:1 号水平非贯通钢筋 $\oplus 18@200$,自支座外边缘算起的伸出长度为 2400mm;2 号水平非贯通钢筋 $\oplus 18@200$,自支座中线向两侧对称伸出长度为 2000mm。

当在地下室外墙外侧底部、顶部、中层楼板位置配置竖向非贯通钢筋时,应补充绘制地下室外墙竖向剖面图并在其上原位标注。表示方法为在地下室外墙竖向剖面图外侧绘制粗实线段代表竖向非贯通钢筋,在其上注写钢筋编号并以 V 打头注写钢筋种类、直径、分布间距,以及向上(下)层的伸出长度值,并在外墙竖向剖面图名下注明分布范围(××~×× 轴)。地下室外墙底部非贯通钢筋向层内的伸出长度值从基础底板顶面算起。地下室外墙顶部非贯通钢筋向层内的伸出长度值从顶板底面算起。中层楼板处非贯通钢筋向层内的伸出长度值从板中间算起,当上、下两侧伸出长度值相同时可仅注写一侧。

图 5-11 中,③~⑤原位标注含义为:3 号竖向非贯通钢筋 $\oplus 20@200$,自基础底板顶面算起的伸出长度为 2100mm;4 号竖向非贯通钢筋 $\oplus 20@200$,自板中间算起,向上、下两侧对称伸出长度 1500mm;5 号竖向非贯通钢筋 $\oplus 18@200$,自顶板底面算起伸出长度 1500mm。

地下室外墙外侧水平、竖向非贯通钢筋配置相同者,可仅选择一处注写,其他可仅注写编号。当在地下室外墙顶部设置水平通长加强钢筋时应注明。

5.2 剪力墙身钢筋构造

5.2.1 剪力墙身水平分布筋

1. 边缘构件

1)暗柱

当剪力墙为孤墙,端部有暗柱时,墙身水平分布筋构造如图 5-12 所示。

图 5-12 中矩形、L 形暗柱墙身水平分布筋伸至暗柱中角筋内侧向下(向上)弯折 $10d$。

2)端柱

当剪力墙柱宽大于墙宽时,墙身水平分布筋构造如图 5-13 所示。

当墙身中心线与端柱中心线齐平时[图 5-13(a)],墙身水平分布筋伸至端柱对面纵筋内侧向下(向上)弯折 $15d$。当墙身边线与端柱边线齐平时[图 5-13(b)],墙身水平分布筋伸至端柱对面纵筋内侧向下(向上)弯折 $15d$。位于端柱纵向钢筋内侧的墙水平分布钢筋

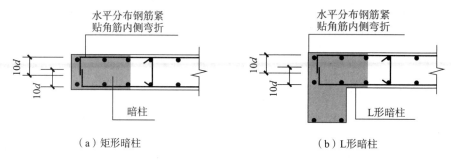

（a）矩形暗柱　　　　　　　　　　（b）L形暗柱

图 5-12　暗柱剪力墙水平分布筋构造

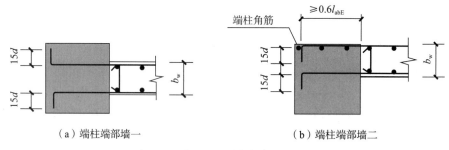

（a）端柱端部墙一　　　　　　　　　（b）端柱端部墙二

图 5-13　端柱剪力墙水平分布筋构造

（端柱节点中图示黑色墙体水平分布钢筋）伸入端柱的长度 $\geq l_{aE}$ 时，可直锚；弯锚时应伸至端柱对边后弯折。

3）水平分布筋搭接

墙身相邻上、下层水平分布筋应交错搭接，搭接长度 $\geq 1.2l_{aE}$，相邻搭接接头位置应错开至少 500mm，其搭接构造如图 5-14 所示。

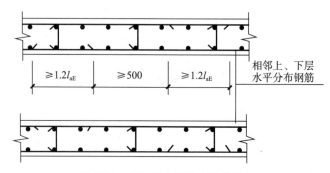

图 5-14　剪力墙水平分布钢筋搭接

2. 转角墙

（1）当两侧剪力墙相交时，一般为转角墙，暗柱为 L 形，如图 5-15 所示。

墙中水平分布筋锚固形式为：内侧水平分布筋伸至转角墙柱对边纵筋内侧弯折 15d（图中①号钢筋）。外侧水平分布钢筋连续通过转弯，上、下相邻两层水平分布钢筋在转角配筋量较小一侧交错搭接，即在受力较小、配筋较少的墙内搭接，墙身相邻上、下层水平分布筋应交错搭接，搭接长度 $\geq 1.2l_{aE}$，相邻搭接接头位置应错开至少 500mm。

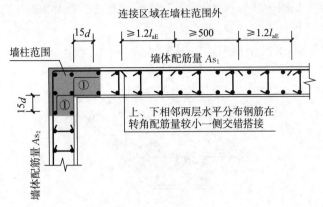

图 5-15 转角墙钢筋构造（$As_1 \neq As_2$）

（2）当两侧剪力墙配筋量相同时，转角墙构造如图 5-16 所示。

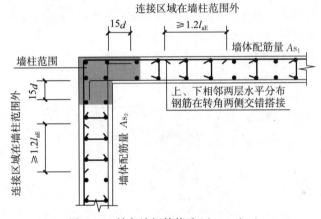

图 5-16 转角墙钢筋构造（$As_1 = As_2$）

墙中水平分布筋锚固形式为：内侧水平构造同配筋量不等时构造。外侧水平分布钢筋连续通过转弯，上、下相邻两层水平分布钢筋在转角两侧交错搭接，搭接长度$\geqslant 1.2l_{aE}$。

（3）当墙外侧水平分布筋在转角处搭接时，其钢筋构造如图 5-17 所示。

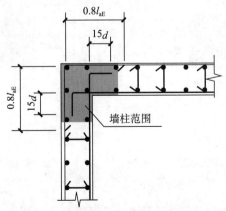

图 5-17 转角墙钢筋构造（转角处搭接）

　　墙中水平分布筋锚固形式为：内侧水平构造同配筋量不等时构造。外侧水平分布钢筋伸至转角墙柱对边弯折长度为 $0.8l_{aE}$。

　　（4）当转角墙斜交时，其钢筋构造如图 5-18 所示。

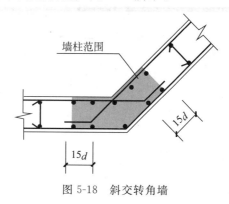

图 5-18　斜交转角墙

　　墙中水平分布筋锚固形式为：内侧水平分布筋伸至转角墙柱对边纵筋内侧弯折 $15d$。外侧水平分布钢筋连续通过，搭接情况同上述几种。

　　（5）当转角墙端为端柱时，其钢筋构造如图 5-19 所示。

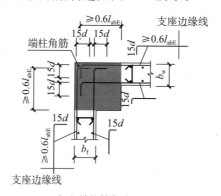

（a）端柱转角墙一

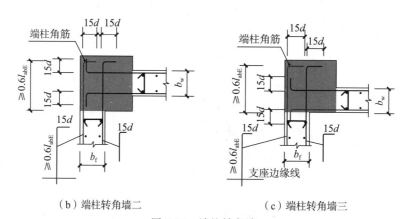

（b）端柱转角墙二　　　　　　　　（c）端柱转角墙三

图 5-19　端柱转角墙

　　墙中水平分布筋锚固形式为：当墙身上边线与端柱上边线齐平时[图 5-19(a)]，内侧水平分布筋伸至端柱对边纵筋内侧向上（向下）弯折 $15d$，伸入端柱内平直段长度 $\geqslant 0.6l_{abE}$。

内侧伸至端柱对边纵筋内侧向上(向下)弯折$15d$,位于端柱纵向钢筋内侧的墙水平分布钢筋(端柱节点中图示黑色墙体水平分布钢筋)伸入端柱的长度$\geq l_{aE}$时,可直锚。

当墙身中心线与端柱中心线齐平时[图 5-19(b)]、墙身上边线与端柱上边线齐平时[图 5-19(c)]其构造形式与图 5-19(a)类似,这里就不再赘述。

3. 翼墙

1) 暗柱

当翼墙端为暗柱时,水平分布钢筋构造如图 5-20 所示。

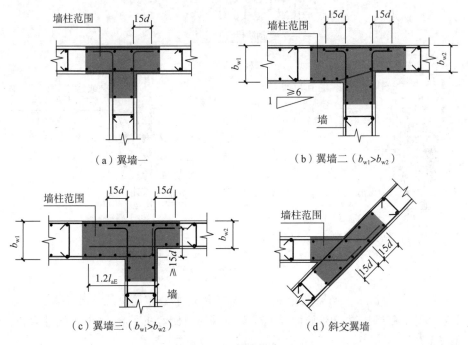

(a) 翼墙一　　　　　　　　　(b) 翼墙二($b_{w1} > b_{w2}$)

(c) 翼墙三($b_{w1} > b_{w2}$)　　　　　　(d) 斜交翼墙

图 5-20　翼墙构造

图 5-20(a)中,墙翼端水平分布筋贯通墙翼,墙肢端水平分布筋伸至翼端暗柱对边纵筋内侧弯折$15d$。当两侧墙厚不同且高差斜率$\geq 1/6$时,构造如图 5-20(b)所示,齐平端水平分布筋贯通,不齐平段端水平贯通筋弯折后通过。当两侧墙厚不同,高差斜率$< 1/6$时构造如图 5-20(c)所示,齐平端水平分布筋贯通,不齐平段端墙厚端水平分布筋伸至翼墙对边纵筋内侧弯折$15d$,墙薄端水平分布筋伸至墙内$1.2l_{aE}$。当两翼墙斜交时,墙翼端水平分布筋贯通墙翼,墙肢端水平分布筋伸至翼端暗柱对边纵筋内侧弯折$15d$。

2) 端柱

当翼墙端为端柱时,水平分布钢筋构造如图 5-21 所示。

当翼墙边线与端柱边线齐平时如图 5-21(a)所示,与端柱齐平一侧,当端柱两侧翼墙钢筋相同时,翼墙水平分布筋贯通端柱;当端柱两侧翼墙钢筋不同时,翼墙外侧钢筋在端柱内锚固,平直段长度$\geq 0.6l_{abE}$。内侧翼墙水平分布筋贯通或分别锚固于端柱内,直锚长度$\geq l_{aE}$。肢部水平分布筋伸至端柱对边纵筋内侧弯折$15d$,当伸入端柱内长度$\geq l_{aE}$时,可直锚。

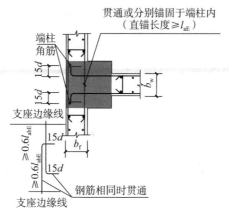

（a）端柱翼墙一

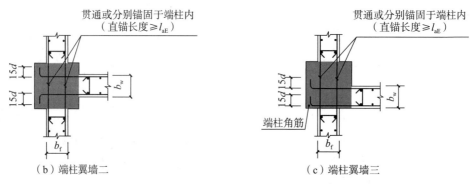

（b）端柱翼墙二　　　　　　　　　　　　　　（c）端柱翼墙三

图 5-21　翼墙构造图

当翼墙中线、肢部中线与端柱中线齐平时，翼墙水平分布筋贯通或分别锚固于端柱内，直锚长度≥l_{aE}。肢部水平分布筋伸至端柱对边纵筋内侧弯折 15d，当伸入端柱内长度≥l_{aE}时，可直锚。

当翼墙中线与端柱中线齐平，肢部中线与端柱中线不齐平时，翼墙水平分布筋贯通或分别锚固于端柱内，直锚长度≥l_{aE}。肢部水平分布筋伸至端柱对边纵筋内侧弯折 15d，当伸入端柱内长度≥l_{aE}时，可直锚。

5.2.2　基础内墙身竖向分布筋

1. 保护层厚度＞5d

（1）基础高度 h_j≥l_{aE}时，钢筋直锚，其构造如图 5-22 所示。

墙身竖向分布筋"隔二下一"，"隔二"是指连续两根钢筋伸入基础内长度为 l_{aE}，"下一"是指每"隔二"后一根钢筋伸至基础板底部，支承在底板钢筋网片上，也可支承在筏形基础的中间层钢筋网片上并弯折，弯折长度为 max(6d,150)。

（2）基础高度 h_j＜l_{aE}时，钢筋弯锚，其构造如图 5-23 所示。

墙身竖向分布筋伸至基础板底部，支承在底板钢筋网片上并弯折 15d，竖向长度为 max(h_j-c,20d,0.6l_{abE})。

2. 保护层厚度≤5d

（1）基础高度 h_j≥l_{aE}时，钢筋直锚，其构造如图 5-24 所示。

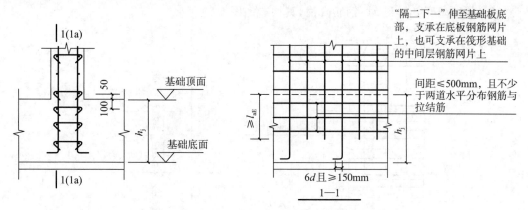

图 5-22 保护层厚度>5d，基础高度满足直锚

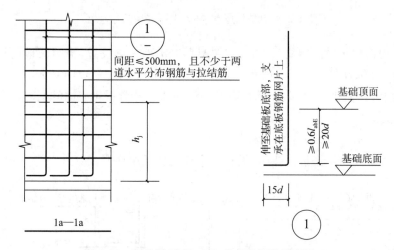

图 5-23 保护层厚度>5d，基础高度满足弯锚

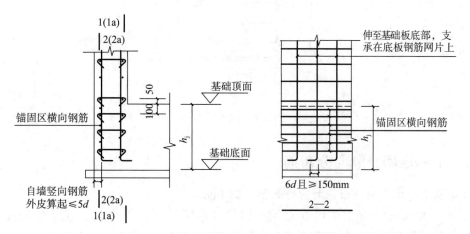

图 5-24 保护层厚度≤5d，基础高度满足直锚

图 5-24 中锚固区横向钢筋仅在保护层厚度≤5d 的一侧设置，锚固区横向钢筋应满足直径>d/4(d 为纵筋最大直径)，间距<10d(d 为纵筋最小直径)且<100mm 的要求。墙身竖向分布筋伸至基础板底部，支承在底板钢筋网片上并弯折，弯折长度为 max(6d，150)。

（2）基础高度 $h_j \geqslant l_{aE}$ 时，钢筋直锚，其构造如图 5-25 所示。

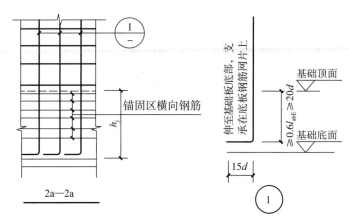

图 5-25　保护层厚度≤5d，基础高度满足弯锚

图 5-25 中锚固区横向钢筋仅在保护层厚度≤5d 的一侧设置，锚固区横向钢筋应满足直径＞d/4（d 为纵筋最大直径），间距＜10d（d 为纵筋最小直径）且＜100mm 的要求。墙身竖向分布筋伸至基础板底部，支承在底板钢筋网片上并弯折 15d，竖向长度为 $\max(h_j - c, 20d, 0.6l_{abE})$。

3. 墙身竖向分布钢筋在基础中搭接

当选用图 5-26 所示搭接连接时，设计人员应在图纸中注明。

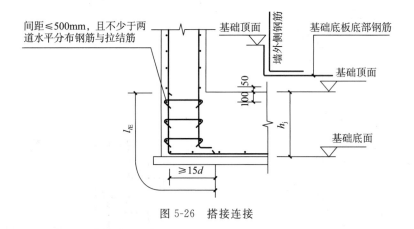

图 5-26　搭接连接

5.2.3　中间层墙身竖向分布筋

中间层剪力墙竖向分布钢筋构造如图 5-27 所示。

图 5-27 中（a）、（b）钢筋连接形式为搭接，抗震等级为一、二级抗震时，剪力墙底部加强部位竖向分布钢筋搭接构造如图 5-27（a）所示，竖向分布筋伸出楼板顶面或基础顶面即可搭接，搭接长度不小于 $1.2l_{aE}$，相邻竖向分布钢筋交错搭接，错开距离为 500mm。

抗震等级为一、二级抗震，剪力墙底部非加强部位或抗震等级为三、四级抗震时，剪力墙竖向分布钢筋可在同一部位搭接，如图 5-27（b）所示，搭接长度不小于 $1.2l_{aE}$。

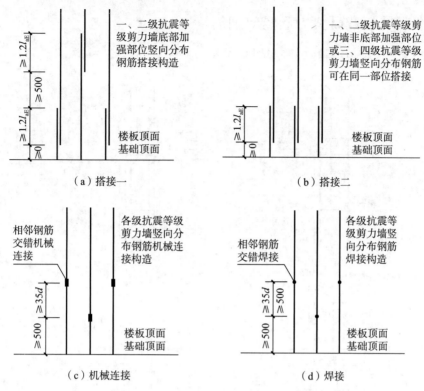

图 5-27　剪力墙竖向分布钢筋连接构造一

各级抗震等级剪力墙竖向分布钢筋采用机械连接时,如图 5-27(c)所示,钢筋连接区距离楼板顶面或基础顶面≥500mm,相邻钢筋交错机械连接,错开距离不小于 $35d$。

各级抗震等级剪力墙竖向分布钢筋采用焊接时,如图 5-27(d)所示,钢筋连接区距离楼板顶面或基础顶面≥500mm,相邻钢筋交错焊接,错开距离为 $\max(500,35d)$。

结构抗震等级为一、二级抗震,剪力墙竖向分布钢筋上层钢筋直径大于下层钢筋直径时,剪力墙底部加强部位竖向分布钢筋搭接构造如图 5-28 所示,连接位置设置在配筋量小的部位,搭接长度不小于 $1.2l_{aE}$,相邻竖向分布钢筋交错搭接,错开距离不小于 500mm。

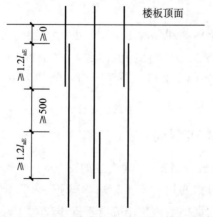

图 5-28　剪力墙竖向分布钢筋连接构造二

5.2.4 中间层变截面剪力墙竖向钢筋

中间层变截面剪力墙竖向钢筋构造如图 5-29 所示。

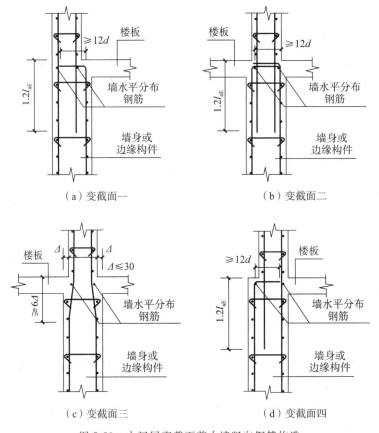

图 5-29　中间层变截面剪力墙竖向钢筋构造

剪力墙为边墙时,构造为图 5-29(a)、(d),上墙与下墙齐平一侧竖向钢筋贯通至上一层,变截面一侧竖向钢筋伸至变截面处向内弯折≥12d,上一层竖向钢筋伸入下一层中,长度从板顶算起向下 1.2l_{aE}。

剪力墙为中墙时,构造为图 5-29(b)、(c),当墙两侧边线距离 $\Delta \leqslant 30$mm 时,如图 5-29(c)所示,下一层钢筋斜通至上一层中。当墙两侧边线距离 $\Delta > 30$mm 时,如图 5-29(b)所示下一层向钢筋伸至上一层内弯折≥12d,上一层竖向钢筋伸入下一层中,长度从板顶算起向下 1.2l_{aE}。

5.2.5 顶层剪力墙身竖向钢筋

(1)剪力墙顶层为屋面板或楼板时,其构造如图 5-30 所示。当剪力墙一侧有楼板时,如图 5-30(a)所示,墙身竖向钢筋均伸至板顶向内弯折≥12d;当剪力墙两侧有楼板时,如图 5-30(b)所示,竖向钢筋分别伸至两侧楼板内弯折≥12d。

(2)剪力墙顶层为边框梁时,其构造如图 5-31 所示。

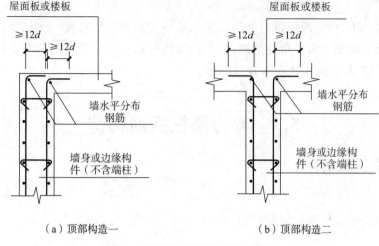

（a）顶部构造一　　　　　　　　　（b）顶部构造二

图 5-30　顶层剪力墙竖向钢筋构造一

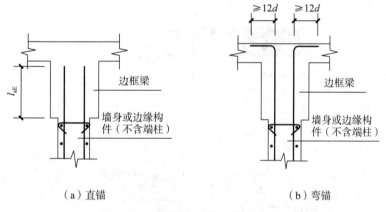

（a）直锚　　　　　　　　　　　（b）弯锚

图 5-31　顶层剪力墙竖向钢筋构造二

剪力墙顶部边框梁高度满足直锚时，如图 5-31(a)所示，墙身竖向分布筋在边框梁内直锚，直锚长度为 l_{aE}。剪力墙顶部边框梁高度不满足直锚时，如图 5-31(b)所示，墙身竖向分布筋伸至梁顶向两侧弯折≥12d。

5.2.6　剪力墙拉结筋

1. 拉结筋构造

拉结筋用于剪力墙分布钢筋的拉结，宜同时勾住外侧水平及竖向分布钢筋，一般分两种结构形式，其构造如图 5-32 所示，弯折的平直段长度均为 5d。

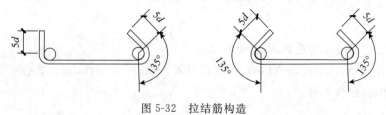

图 5-32　拉结筋构造

2.布置范围

竖直布置范围:由底部板顶向上第二排水平分布筋处开始布置,至顶部板底向下第一排水平分布筋处终止。水平布置范围:由距边缘构件第一排墙身竖向分布筋处开始设置,连梁范围内的墙身水平筋,也要布置拉结筋。

5.3 剪力墙柱钢筋构造

5.3.1 约束边缘构件

1.暗柱

约束边缘构件暗柱构造如图 5-33 所示。

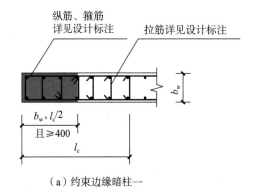

(a)约束边缘暗柱一

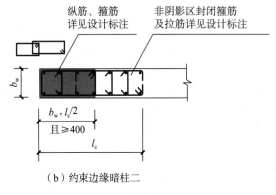

(b)约束边缘暗柱二

图 5-33 约束边缘暗柱

图 5-33(a)表示核心区设置箍筋,扩展区设置拉筋;图 5-33(b)表示核心区设置箍筋,扩展区设置封闭箍筋和拉筋。

2.端柱

约束边缘构件端柱构造如图 5-34 所示。

图 5-34(a)表示核心区设置箍筋,扩展区设置拉筋;图 5-34(b)表示核心区设置箍筋,扩展区设置封闭箍筋和拉筋。

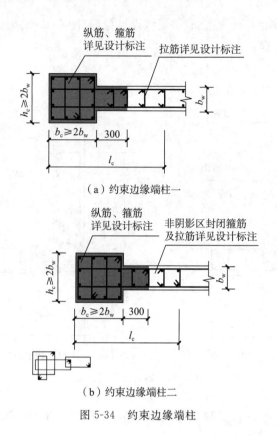

（a）约束边缘端柱一

（b）约束边缘端柱二

图 5-34　约束边缘端柱

3. 翼墙

约束边缘构件翼墙构造如图 5-35 所示。

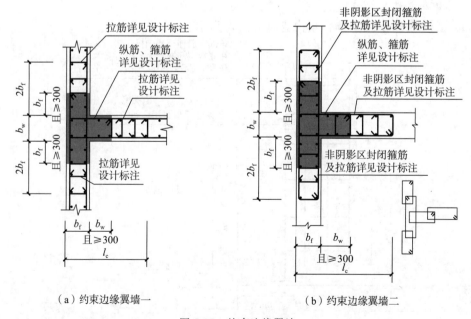

（a）约束边缘翼墙一　　　　　　　　　　（b）约束边缘翼墙二

图 5-35　约束边缘翼墙

图 5-35(a)表示核心区设置箍筋,扩展区设置拉筋;图 5-35(b)表示核心区设置箍筋,扩展区设置封闭箍筋和拉筋。

4.转角墙

约束边缘构件转角墙构造如图 5-36 所示。

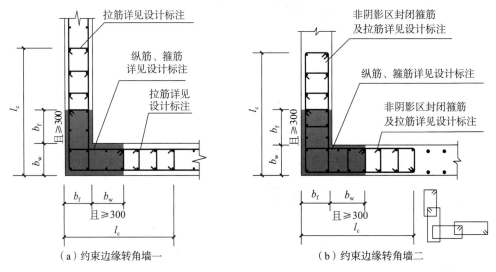

（a）约束边缘转角墙一 　　　　　　　（b）约束边缘转角墙二

图 5-36　约束边缘转角墙

图 5-36(a)表示核心区设置箍筋,扩展区设置拉筋;图 5-36(b)表示核心区设置箍筋,扩展区设置封闭箍筋和拉筋。

5.3.2　边缘构件基础内纵筋构造

1.保护层厚度＞$5d$

（1）基础高度满足直锚时,其构造如图 5-37 所示。

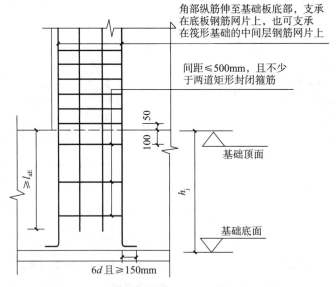

图 5-37　保护层厚度＞$5d$,基础高度满足直锚

图 5-37 中角部钢筋伸至基础板底部,支承在底板钢筋网片上,也可支承在筏形基础的中间层钢筋网片上并弯折,弯折长度为 $\max(6d,150)$,其余钢筋伸至基础内长度$\geqslant l_{aE}$。

22G101-3 图集中对边缘构件角部纵筋进行了规定,如图 5-38 所示。

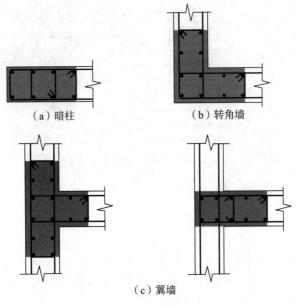

（a）暗柱　　　　　　　（b）转角墙

（c）翼墙

图 5-38　边缘构件角部纵筋

（2）基础高度满足弯锚时,其构造如图 5-39 所示。

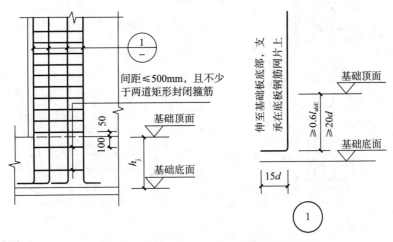

图 5-39　保护层厚度＞$5d$,基础高度满足弯锚

图 5-39 中角部钢筋伸至基础板底部,支承在底板钢筋网片上并弯折,弯折长度为 $15d$,竖向长度为 $\max(h_j-c,20d,0.6l_{abE})$。

2.保护层厚度$\leqslant 5d$

（1）基础高度满足直锚时,其构造如图 5-40 所示。

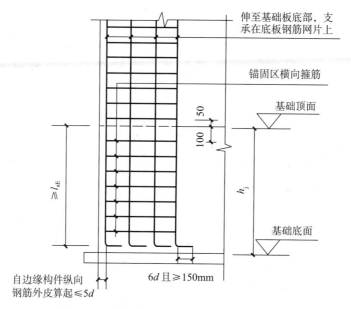

图 5-40 保护层厚度≤5d,基础高度满足直锚

图 5-40 中钢筋伸至基础板底部,长度为 $\max(h_j - c, l_{aE})$ 支承在底板钢筋网片上并弯折,弯折长度为 $\max(6d, 150)$。锚固区横向箍筋应满足直径 $>d/4$(d 为纵筋最大直径),间距 $\leqslant 10d$(d 为纵筋最小直径)且 $<100mm$ 的要求。

（2）基础高度满足直锚时,其构造如图 5-41 所示。

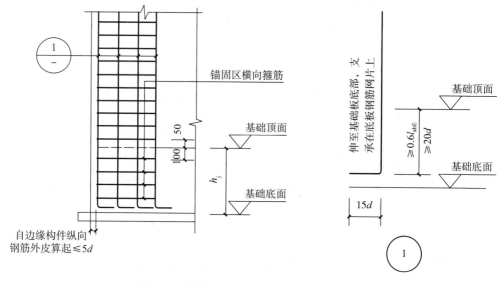

图 5-41 保护层厚度≤5d,基础高度满足直锚

图 5-41 中钢筋伸至基础板底部支承在底板钢筋网片上并弯折,弯折长度为 $15d$。竖向长度为 $\max(h_j - c, 20d, 0.6l_{abE})$。

5.3.3 边缘构件纵筋连接

边缘构件纵筋连接分为绑扎搭接、机械连接、焊接三种,相应的连接图如图 5-42 所示,图 5-42 中连接形式适用于约束边缘构件核心区部分和构造边缘构件的纵向钢筋。

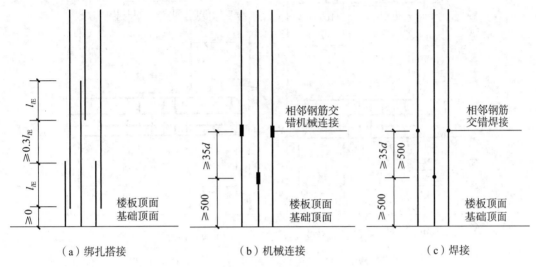

图 5-42 剪力墙边缘构件纵向钢筋连接

钢筋连接形式为搭接时,纵向钢筋伸出楼板顶面或基础顶面即可搭接,搭接长度为 l_{lE},相邻竖向分布钢筋交错搭接,错开距离 $\geqslant 0.3l_{lE}$。钢筋采用机械连接时,钢筋连接区距离楼板顶面或基础顶面 $\geqslant 500\text{mm}$,相邻钢筋交错机械连接,错开距离 $\geqslant 35d$。钢筋采用焊接时,钢筋连接区距离楼板顶面或基础顶面 $\geqslant 500\text{mm}$,相邻钢筋交错焊接,错开距离为 $\max(500,35d)$。

端柱竖向钢筋和箍筋的构造与框架柱相同。矩形截面独立墙肢,当截面高度不大于截面厚度的 4 倍时,其竖向钢筋和箍筋的构造要求与框架柱相同或按设计要求设置。

5.4 剪力墙梁钢筋构造

剪力墙连梁钢筋构造如图 5-43 所示。

连梁纵筋在剪力墙中满足直锚时[图 5-43(b)、(c)],伸入墙内长度为从洞口边算起伸入墙内 $\max(600,l_{aE})$。当端部墙肢水平长度 $<l_{aE}$ 或 $<600\text{mm}$ 时,连梁纵筋在墙内弯锚,纵筋伸入墙外侧纵筋内侧后弯折 $15d$。当端部洞口连梁的纵向钢筋在端支座的直锚长度 $\geqslant l_{aE}$ 且 $\geqslant 600\text{mm}$ 时,可不必往上(下)弯折。

连梁箍筋在楼层处仅在洞口范围内设置,箍筋在洞口边缘起步距为 50mm,顶层连梁箍筋在全梁范围内设置,洞口范围内的箍筋起步距为 50mm,伸入墙肢范围内箍筋起步距为 100mm,箍筋的直径同跨中,间距为 150mm。

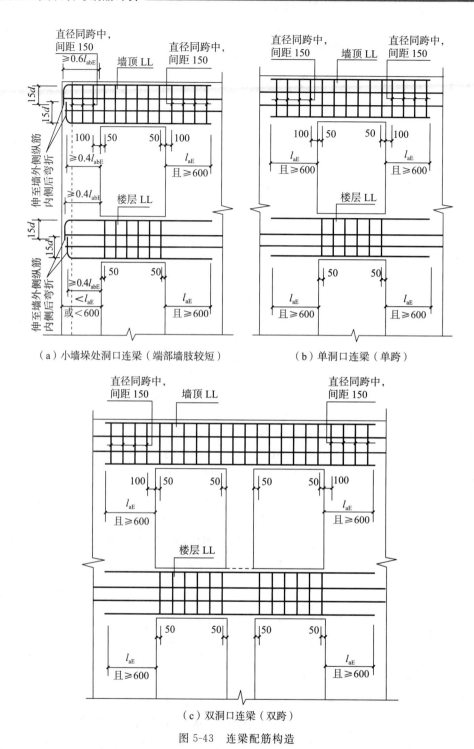

（a）小墙垛处洞口连梁（端部墙肢较短）　　（b）单洞口连梁（单跨）

（c）双洞口连梁（双跨）

图 5-43　连梁配筋构造

连梁、暗梁和边框梁侧面纵筋和拉筋构造如图 5-44 所示。

连梁、暗梁及边框梁拉筋直径：当梁宽≤350mm 时为 6mm，当梁宽＞350mm 时为 8mm，拉筋间距为 2 倍箍筋间距。当设有多排拉筋时，上、下两排拉筋竖向错开设置。连梁的侧面纵向钢筋单独设置时，侧面纵向钢筋沿梁高度方向均匀布置。

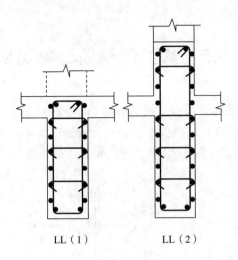

LL（1）   LL（2）

不少于 2 根直径≥12 的钢筋

LL（3）   LL（4）

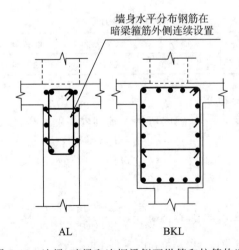

墙身水平分布钢筋在
暗梁箍筋外侧连续设置

AL   BKL

图 5-44 连梁、暗梁和边框梁侧面纵筋和拉筋构造

5.5 剪力墙钢筋计算案例

【案例】 土木实训楼剪力墙 Q1,钢筋如图 5-45 所示,混凝土强度等级为 C25,结构抗震等级三级,保护层厚度 20mm,楼板厚 100mm,钢筋连接方式为搭接,主筋直径 12mm,在基础内水平弯折 240mm,计算表 5-3 中基础内相关钢筋长度。

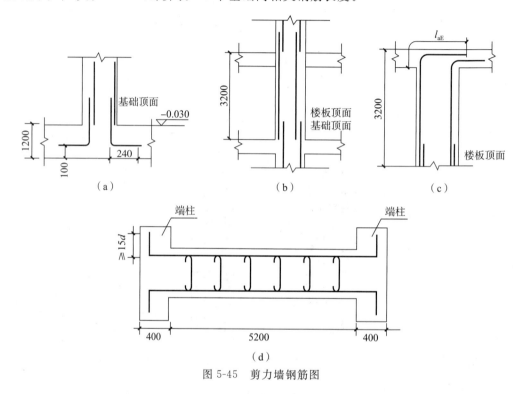

图 5-45 剪力墙钢筋图

表 5-3 剪力墙表

编号	标高	墙厚	水平分布筋	垂直分布筋	拉筋（矩形）
Q1（2 排）	−0.030~9.570	300	Φ12@200	Φ12@200	Φ6@200×200

解: (1) 基础内竖向分布筋

$$长度\ L = 基础内弯折 + 基础内高度 + 搭接长度$$
$$= 240 + (1200 - 100) + 1.2l_{aE}$$
$$= 240 + 1100 + 1.2 \times 42 \times 12$$
$$= 1945(mm)$$

$$根数\ N = 排数 \times \left(\frac{墙净长 - 200 \times 2}{2\ 倍间距} + 1\right)$$
$$= 2 \times \left(\frac{5200 - 200 \times 2}{200} + 1\right)$$
$$= 50(根)$$

（2）基础内水平分布筋

$$长度 L = 左、右端长度 - 保护层厚度 + 墙净长 + 弯折$$
$$= (400 - 20) \times 2 + 5200 + 2 \times 15d$$
$$= 6320(\text{mm})$$

$$根数 N = 排数 \times \left(\frac{墙净高}{间距} + 1 \right)$$
$$= 2 \times \left(\frac{1200 - 100 \times 2}{500} + 1 \right)$$
$$= 6(根)$$

（3）基础内拉结筋

$$长度 L = 墙厚 - 保护层 \times 2 + 弯钩 \times 2$$
$$= 300 - 20 \times 2 + 5200 + 2 \times (5d + 1.9d)$$
$$= 343(\text{mm})$$

$$根数 N = 3 \times 25$$
$$= 75(根)$$

（4）一层内竖向分布筋

$$长度 L = 层高 + 搭接$$
$$= 3200 + 1.2 l_{aE} \times 42 \times 12$$
$$= 3805(\text{mm})$$

根数 N 同基础。

（5）一层内水平分布筋

长度 L 同基础部分。

$$根数 N\ 排数 \times \left(\frac{墙净高}{间距} + 1 \right) = 2 \times \left(\frac{3200 - 50 \times 2}{200} + 1 \right) = 34(根)$$

（6）一层内拉结筋

长度 L 同基础部分。

$$根数 N = (17 - 2) \times 25 = 375(根)$$

（7）顶层内钢筋

竖向分布筋长度 $L = 层高 - 板厚 + l_{aE} = 3200 - 100 + 42 \times 12 = 3604(\text{mm})$

根数 N 同基础，水平分布筋和拉筋同一层。

学习笔记

参考文献

[1] 中国建筑标准设计研究院.混凝土结构施工图平面整体表示方法制图规则和构造详图(现浇混凝土框架、剪力墙、梁、板):22G101-1[S].北京:中国标准出版社,2022.
[2] 傅华夏.建筑三维平法结构图集[M].北京:北京大学出版社,2022.
[3] 赵华玮.混凝土结构平法三维识图[M].北京:中国建筑工业出版社,2022.